优生·优育·优教系列

育儿

同步指导专家方案

四川科学技术出版社

·成都·

前言 Preface

小宝宝常常无法准确表达他们的需求，但他们又实在太脆弱，需要太多的关照和爱护。所以，对新手爸爸妈妈来说，养育一个宝宝是件不容易的事，需要付出很多很多的心血，而且有时候实在无从下手。有时候爸爸妈妈把握不了自己是否恰好满足了宝宝需求，不知道这里是不是不够，那里是不是过了，会心里没底。

本书从宝宝的新生儿时期开始一直到三岁，从宝宝的身体、心理发育两个角度出发，按照喂养、生活、早教等方面进行分类，详细介绍了宝宝每个阶段在哪些方面有什么样的需求，如何满足。内容细致周到、科学合理，意在给新手爸爸妈妈一点帮助，让爸爸妈妈能够尽量轻松地满足宝宝的需求，特别是新生儿时期。本书关照到了宝宝的方方面面，爸爸妈妈照着书中的内容就能把宝宝照护得很好。

希望这本书能切实地帮到新手爸爸妈妈，也希望所有的宝宝都健康、快乐地长大。

编　者

2022年3月

目录 Contents

新生儿养育篇（0~1个月）

婴儿养育篇（1~12个月）

宝宝1~2个月

宝宝4~5个月

宝宝5~6个月

宝宝6~7个月

宝宝7~8个月

宝宝8~9个月

宝宝11~12个月

幼儿养育篇（1~3岁）

宝宝12~15个月

宝宝15~18个月

宝宝18~21个月

宝宝21~24个月

宝宝24~27个月

宝宝27~30个月

宝宝30~33个月

宝宝33~36个月

附　录

新生儿养育篇

（0~1个月）

新生儿喂养

初乳是宝宝的最佳营养品

育儿须知

很多妈妈嫌初乳“脏”，不肯给宝宝吃而将其挤掉，其实这是一种误解和错误的方法。

更多了解

初乳分泌的时间因人而异，有的妈妈在临产前就开始分泌初乳，大多数妈妈是在生产后30分钟左右开始分泌初乳。一般情况下将宝宝出生一周内妈妈分泌的乳汁叫初乳，其分泌的量很少，颜色为奶黄色，营养价值十分高，对宝宝来说十分珍贵。

妈妈一定要珍惜初乳，把初乳当作送给宝宝的第一份礼物。因为初乳中所含的脂肪、糖类、无机盐等营养素不仅容易消化吸收，而且更适合宝宝早期生长发育的需要；所含的丰富的免疫球蛋白、乳铁蛋白、溶菌酶和其他免疫活性物质，还有助于增强宝宝的抗感染能力。

贴心叮咛

妈妈若有传染性疾病（肝炎、艾滋病等）、甲状腺功能亢进症、恶性肿瘤或服用哺乳期禁忌药物等，应该提前问医生是否可以喂初乳。

母乳喂养的正确方式

育儿须知

妈妈给宝宝喂奶时可采取不同姿势，重要的是保持心情愉快、体位舒适、全身肌肉放松，这样才有利于乳汁排出和宝宝吸吮。

更多了解

母乳喂养的一般步骤如下。

❶ 哺乳前，妈妈先将双手洗净，用温热的毛巾擦洗乳头、乳晕，同时双手柔和地按

摩乳房3~5分钟，以促进乳汁分泌。

② 妈妈在椅子上坐好（也可盘腿坐在沙发上或床上），将宝宝抱起，使宝宝整个身体都贴近自己，用上臂托住宝宝头部，将乳头轻轻送入宝宝口中，使宝宝含住整个乳头。注意应让宝宝用唇部包覆大部分或全部的乳晕。

③ 妈妈用食指和中指轻轻挤压乳头的上下两侧，以免乳房堵住宝宝鼻孔而影响其吸吮或因奶流过急呛着宝宝。若是奶量较大，宝宝来不及吞咽时，可让宝宝松开乳头，歇息一下再继续吃。

④ 宝宝吃完奶后，妈妈应将宝宝直立抱起，使宝宝的身体靠在自己身体的一侧，下巴搭在自己的肩头，用手掌轻轻拍宝宝后背，直至宝宝打出气嗝。

贴心叮咛

哺乳时间较长，比较累，妈妈可以在宝宝的身体下方、自己的背部放几个靠垫或枕头，不仅可以增加支撑力，还能帮助缓解妈妈因长时间哺喂母乳所造成的腰酸背痛。

怎样判断母乳是否充足

育儿须知

妈妈可以从宝宝吞咽的声音或是吃奶后的满足感，以及宝宝的大小便的次数和增长的情况来判断母乳是否充足。

更多了解

妈妈可以从以下几个方面判断母乳是否充足。

观察宝宝吞咽的声音：宝宝平均每吸吮2~3次可以听到其咽下一大口的声音，如此连续约15分钟，宝宝基本上就吃饱了；如果乳汁稀薄，或喂奶时听不到宝宝的咽奶声，即是母乳不足。

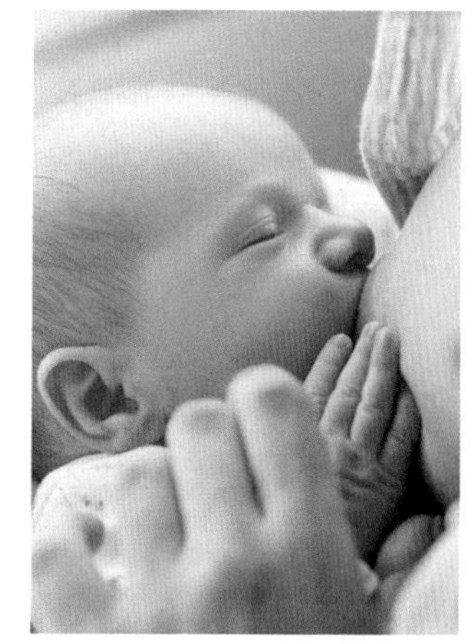

宝宝吃完奶后应该有满足感：如喂饱后宝宝对妈妈笑，或者不哭了，或者马上安静入眠，都说明宝宝吃饱了。如果吃奶后还哭，或者咬着乳头不放，或者睡不到2小时就醒，都说明可能是母乳不足。

大小便的次数：宝宝每天尿6~9次，大便4~5次，且为金黄色稠便，这些都可以说明母乳够了。母乳不够的时候，宝宝尿量不多，大便少且呈绿色稀便，妈妈就要增加喂奶的次数。

 晚上给宝宝哺乳应该注意的问题

育儿须知

妈妈晚上给宝宝哺乳时要注意不要让宝宝含着乳头睡觉，不要躺着给宝宝哺乳。

更多了解

夜晚是睡觉的时间，妈妈在半梦半醒之间给宝宝哺乳很容易发生意外，所以妈妈要注意以下几点。

不要让宝宝含着乳头睡觉：有些妈妈为了避免宝宝哭闹影响自己的休息，就让宝宝含着乳头睡觉，或者一听见宝宝哭就立即把乳头塞到宝宝的嘴里，这样不但不能让宝宝养成良好的吃奶习惯，而且影响宝宝的睡眠，还有可能在妈妈睡熟后，发生乳房压住宝宝的鼻孔的情况，造成宝宝呼吸困难，甚至窒息死亡。

保持坐姿哺乳：为了培养宝宝良好的吃奶习惯，避免发生意外，妈妈在夜间给宝宝哺乳时，也应像白天那样坐起来抱着宝宝哺乳。

 什么情况下不宜母乳喂养

育儿须知

当妈妈或宝宝患有疾病，进行母乳喂养会影响妈妈或宝宝的身体健康时，就要停止母乳喂养。

更多了解

不宜进行母乳喂养的特殊情况如下。

❶ 妈妈患急性乳腺炎、传染性疾病如乙型肝炎等期间不宜哺乳。

❷ 妈妈患严重心脏病、慢性肾炎不宜哺乳。

❸ 妈妈患糖尿病且病情尚未稳定不宜哺乳。

❹ 妈妈患有癫痫不宜哺乳。

❺ 妈妈患癌症不宜哺乳。

❻ 妈妈感冒发热时不宜哺乳。

❼ 宝宝如有代谢性疾病，如半乳糖血症等，不宜母乳喂养。如宝宝明确诊断为半乳糖血症，应立即停止母乳及奶制品喂养，应给予不含乳糖的代乳品喂养。

❽ 患严重唇、腭裂而致使吸吮困难的宝宝不宜母乳喂养。

人工喂养的要点

育儿须知

用动物奶（牛奶或羊奶）或其他代乳品来喂养宝宝，这种喂养方式，称为人工喂养。

更多了解

人工喂养要点如下。

❶ 足月的宝宝，出生后4~6小时开始试喂一些糖水，出生后8~12小时开始喂牛奶或其他代乳品，初次喂奶时为30毫升，每2小时喂一次。

❷ 喂奶前要计算一下奶量，以每天每千克体重供给能量50~100千卡①计算。比如，一个体重为3千克的宝宝，每天应摄入能量150~300千卡，计算为牛奶150~300毫升，这些牛奶中共加入糖12~24克。将上述计算出的一天的牛奶量分成7~8次喂给宝宝。

混合喂养的要点

育儿须知

妈妈乳汁分泌较少，满足不了宝宝的需求，此时，必须在宝宝日常的喂养中，添加动物奶（牛奶或羊奶）或其他代乳品，叫作混合喂养。

更多了解

混合喂养的方法如下。

❶ 宝宝先吃母乳，续吃动物奶或其他代乳品，动物奶或其他代乳品的量依母乳缺乏程度而定。开始可让宝宝吃饱，直至宝宝满意为止，经过几天试喂，宝宝大便次数及性状正常，即可固定动物奶或其他代乳品的补充量。因每天哺乳次数没变，乳房按时受到吸乳刺激，所以对泌乳没有影响。这是一种较为科学的混合喂养方法。

❷ 停哺母乳1~2次，以动物奶或其他代乳品代哺。这种方法因哺母乳间隔时间延长，容易影响母乳分泌，所以还是应谨慎选择。

贴心叮咛

在给宝宝喂纯牛奶时，需将牛奶用小火煮沸3~5分钟，一方面可以消毒杀菌，另一方面可使牛奶中的蛋白质变性，易被宝宝消化吸收。

---

① 1千卡≈4.186千焦

怎样给奶瓶、奶嘴消毒

育儿须知

奶瓶、奶嘴消毒有三种方法（需奶瓶材质允许使用相应消毒方式）：煮沸消毒、蒸汽消毒、微波炉消毒。

更多了解

煮沸消毒：将奶瓶放入消毒锅内，加入清水将奶瓶全部浸没，水煮沸5～10分钟后，将奶嘴放入沸水中煮1～2分钟，消毒完成。将消毒好的奶瓶、奶嘴放置在干净的器皿上晾干，盖上纱布备用。

蒸汽消毒：将清洗干净的奶瓶（倒放）和奶嘴放在蒸汽消毒锅内。消毒锅要先加入一定量的水，再按下开关，几分钟就可完成消毒过程（消毒锅的使用说明上会注明时间）。

微波炉消毒：将奶瓶中加入10～20毫升水，用保鲜膜包起；奶嘴浸没在装有水的容器中，用微波炉加热2分钟左右就完成消毒过程。

贴心叮咛

妈妈给宝宝喂完奶后要倒出剩余的牛奶，然后反复清洗奶嘴、奶瓶，消毒后口朝下放好。

冲调奶粉的步骤

育儿须知

冲调奶粉的步骤为：洗手→倒水→取奶粉→套奶嘴→摇匀→试温。

更多了解

冲调奶粉的细节如下。

❶ 在冲调奶粉之前妈妈先用清水及肥皂洗手，以保护宝宝免受致病菌的侵袭。

❷ 倒干净的开水到奶瓶里。温度在40～50摄氏度最为适宜，不要用滚烫的开水。

❸ 加入正确数量平匙的奶粉，奶粉需松松的，不可紧压，将奶粉倒入奶瓶。

❹ 套上奶嘴，轻轻摇匀。

❺ 健康妈妈的体温是37摄氏度左右，宝宝的肠胃也比较适应这个温度。试温时将奶瓶倒置，把奶滴到手背上，感觉温度适宜即可。

贴心叮咛

冲调奶粉过程中一定要注意卫生，冲调完毕后立即盖上奶粉罐罐盖，避免造成污染。

新生儿期应按需喂养

育儿须知

新生儿期，吃母乳的宝宝最好按需喂养，人工喂养的宝宝可以考虑按时喂养，但前提是每次宝宝都吃饱了，若没有吃饱就会影响宝宝的睡眠以及生长发育。

更多了解

按需喂养时，宝宝吃奶很不规律，一天可能吃很多次，这是一个普遍的现象。宝宝经常性地吸吮可刺激妈妈体内催乳素的分泌，使乳汁分泌更多，也就是说宝宝吃得越多，妈妈乳汁分泌就越多。宝宝就吃得越饱，睡眠时间就会逐渐延长，自然就会形成规律。

按需喂养不等于宝宝一哭就喂奶，因为宝宝啼哭的原因很多，宝宝哭了不一定就是饿了，要看看是不是尿布湿了，有没有身体不舒服等。宝宝一哭就喂奶，妈妈会因得不到充足的休息而疲劳，乳汁分泌就会减少。

母乳少怎么催乳

育儿须知

母乳对于宝宝来说，是任何食物都难以媲美的天然食品。母乳不足，最好的办法是催乳，妈妈可以根据自己的实际情况选择实用的催乳方法。

更多了解

催乳方法如下。

❶ 增加宝宝吸吮时间和次数，宝宝每次吸吮乳头，可以促进妈妈分泌催乳素，吸吮的时间越长催乳素分泌得越多，有利于乳汁的分泌。

❷ 选择喜欢吃的催乳食物。多喝汤水，如猪蹄汤、鲫鱼汤等，可以促进乳汁分泌，但最好不要吃可能抑制乳汁分泌的食物，如韭菜、山楂等。

❸ 保持良好的情绪。在情绪低落时，妈妈可以多听听柔和的音乐，尽量保持情绪稳定，有利于乳汁分泌。

❹ 哺乳期内，妈妈不要随便吃药。因为有些药物会减少乳汁的分泌，如抗甲状腺药物等。

贴心叮咛

在母乳喂养期间，尽量不要使用配方奶代替母乳。吃了配方奶的宝宝缺少饥饿感，宝宝不愿意吸母乳，吸吮母乳次数减少，母乳分泌就越少。

选择配方奶应该注意的问题

育儿须知

配方奶的成分接近母乳成分，除去了牛奶中宝宝不易吸收的成分，添加了一些有利于宝宝生长发育的成分。因此，在妈妈因各种原因无法母乳喂养宝宝的情况下，配方奶是宝宝的首选代乳品。

更多了解

选择配方奶要注意的问题如下。

❶ 营养要均衡。蛋白质含量要符合国家标准，二十二碳六烯酸（DHA）和多不饱和脂肪酸（PUFA）添加要适量，不要过量。

❷ 外包装完整。有生产企业名称、生产日期、生产批号、保存期限、营养成分表、配料表、标准冲调方法、储存方法以及建议喂养时间表等。

❸ 配方奶颜色为淡黄色，若颜色较深或为焦黄色为次品。

❹ 选择适合宝宝月龄的奶粉。

贴心叮咛

开了封的配方奶一定要放在阴凉、干燥的地方，罐装的盖子盖紧，袋装的袋口扎紧，若奶粉受潮结块了就不要给宝宝吃了。

新生儿需要补充维生素 AD 滴剂吗

育儿须知

合理给宝宝喂食维生素AD滴剂，可有效预防佝偻病，妈妈可根据医生建议、季节、

喂养方式等来决定是否给宝宝喂食。

更多了解

若妈妈孕期注意补钙，没有腿抽筋等缺钙现象，产后营养均衡，宝宝通过吃母乳就能获得每天需要的钙。

母乳中钙和磷的比例比较合适，宝宝吃母乳时钙的吸收率较高，4个月内的宝宝一般不会缺钙。纯母乳喂养的宝宝暂时不需要吃维生素AD滴剂。

为了预防宝宝缺钙，帮助宝宝对钙的吸收，妈妈在阳光适宜的时候要多带宝宝晒晒太阳。

冬天宝宝户外活动时间比较少，如果妈妈担心宝宝钙吸收不好，可以考虑咨询医生后给宝宝吃点维生素AD滴剂，不用天天吃，一周吃三次就可以了。

人工喂养的宝宝，若配方奶中添加的维生素A、维生素D不够，可以咨询医生后在宝宝出生两周后喂一些。但喂养时不要将维生素AD滴剂和配方奶一起喂给宝宝，应该在宝宝吃完奶半小时后喂，每天两滴，这样有利于宝宝对钙的吸收。

贴心叮咛

早晨阳光好的时候，打开一点窗户，让阳光照射进来，让宝宝每天晒几分钟太阳（但不要晒太久），这样有利于宝宝对钙的吸收，安全又健康。

宝宝需要喂水吗

育儿须知

纯母乳喂养的宝宝两餐之间不用喂水，人工喂养的宝宝两餐之间需要喂水。

更多了解

人工喂养主要是通过配方奶或牛奶喂养宝宝，配方奶或牛奶中的蛋白质80%以上是酪蛋白，不易被宝宝消化吸收，所以需要喂水以帮助宝宝消化吸收。

给宝宝喂水的时间可参考以下几点。

❶ 最好在两次喂奶之间给宝宝喝点水，喝配方奶的宝宝可以在喂奶后喂一两口温白开水，有利于清洁口腔。

❷ 睡觉前不要给宝宝喂水。宝宝还不会自己控制排尿，若在睡前水喝多了，很容易尿床，从而影响宝宝睡眠。

❸ 喂奶前半小时不要给宝宝喂水，水会稀释胃液，不利于宝宝消化。

④喂奶后半小时内不要给宝宝喂水，因为此时宝宝太饱，容易吐奶。

贴心叮咛

人工喂养的宝宝如果不爱喝水或喝水少，妈妈不要强迫宝宝。喂水时水的温度最好为40摄氏度，不要太热或太凉。

宝宝漾奶该怎么办

育儿须知

宝宝吃完奶后若立即平卧在床上，或妈妈斜抱着宝宝时，奶水会从宝宝的嘴角流出一些，这就是漾奶。

更多了解

宝宝经常漾奶的原因如下。

①宝宝的胃基本处于水平位，贲门比较松弛，关闭不严，幽门关闭比较紧，吃得过饱时奶水容易返流，引起呕吐。

②宝宝在吃奶时很容易吸入空气，空气吸入过多也容易引起奶水返流。

减少宝宝漾奶的方法如下。

①母乳喂养时让宝宝的嘴裹住整个乳头，不要有空隙，避免吸入空气。

②喂完奶后，竖直抱起宝宝趴在妈妈肩上，用手轻轻地拍宝宝后背，使宝宝将吸入胃里的空气通过打嗝排出来。

③哺乳后不要马上让宝宝仰卧，而应让宝宝侧卧一会儿，然后再改为仰卧；仰卧时要使宝宝上身略微偏高一些。

④尽量抱着宝宝喂奶，让宝宝身体直立，这样吸入胃里的奶会自然流入小肠。

贴心叮咛

漾奶可能是宝宝胃肠道的生理特点造成的，但也可能是胃肠道疾病造成的，如宝宝频繁呕吐，呕吐物呈黄绿色或咖啡色，伴有发热和腹泻，这是疾病的症状，应立即带宝宝去医院就诊。

宝宝一吃就拉是什么原因

育儿须知

宝宝一吃就拉，与妈妈吃的食物以及宝宝肠道神经发育不完善有一定的关系。

更多了解

妈妈方面要注意的事项如下。

❶ 妈妈最好不要吃辛辣、太凉的食物，以及海鲜类食物。

❷ 妈妈从外面回来，如果母乳太热或太冷，都要先挤出一些来，不要给宝宝吃，恢复正常体温后再喂宝宝吃。

❸ 妈妈腹泻的时候不要给宝宝喂母乳。

宝宝方面要注意的事项如下。

❶ 如果宝宝乳糖不耐受，吃母乳或配方奶都容易出现腹泻、大便有泡沫等现象，建议咨询医生后吃专用的特殊奶粉。

❷ 宝宝如因消化不良引起腹泻，可以适当吃一点益生菌；若为肠道细菌感染引起的腹泻，伴有发热、呕吐等，需要去医院就诊。

❸ 宝宝吃配方奶一吃就拉，妈妈也可以考虑换一种品牌的配方奶。

❹ 要时刻注意宝宝的衣服是否保暖，宝宝是否着凉。

贴心叮咛

有些宝宝一吃就拉，特别是母乳喂养的宝宝，虽然吃完就拉，但只要宝宝大便正常，体重正常增加，精神状态好，妈妈也不用担心。

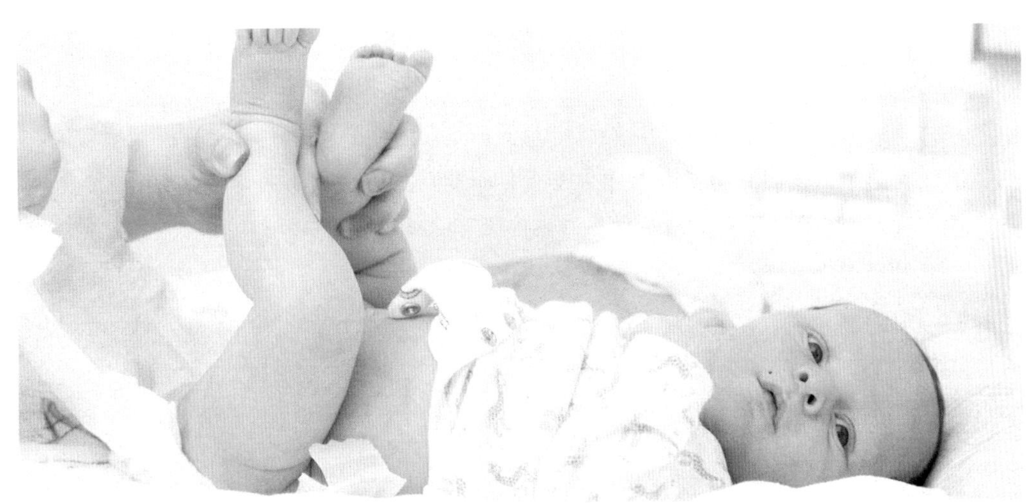

新生儿照护

怎样包裹宝宝

育儿须知

新生儿时期，宝宝的抵抗力较弱，容易受凉，特别是在寒冷的冬天，妈妈不仅要注意环境、室内温度等，还要将宝宝包裹好。

更多了解

正确包裹宝宝的方法如下。

❶ 为达到保暖效果，包裹宝宝的衣被要柔软、轻、暖，并应选用纯棉、软、浅色的内衣；冬天可将内衣和薄绒衣或薄棉袄套在一起穿。

❷ 放置尿布时，将吸水性强的柔软尿布叠成长条形给宝宝垫好（注意尿布向上反折时不能过脐部），再将一块方尿布对折成三角形垫好，然后将上衣展平，再用衣被包裹。

❸ 随着季节和室温的不同，包裹方法也应不同。冬季室温较低时，可用被子的一角绕宝宝头围成半圆形帽状；如果室温能达到20摄氏度则不必围头，可将包被角下折，使宝宝头、上肢露在外面。

❹ 包被包裹松紧要适度，太松或太紧都会令宝宝感到不舒服，夏季天气较热时，只需给宝宝穿上单薄的衣服或是包一条纯棉质料的毛巾就可以了。

贴心叮咛

注意不要采取将宝宝双臂、双腿强行拉直的“蜡烛包”式来包裹宝宝，这种“蜡烛包”不仅限制了宝宝的自由活动和正常呼吸，而且严重影响宝宝的正常发育。宝宝下肢的自然状态是屈曲状，下肢屈曲略外展的体位还可以防止髋关节脱位。

怎样抱宝宝

育儿须知

宝宝要等到四周以后才能够控制自己的头，因此，每当妈妈抱起宝宝的时候，一

定要把手伸过宝宝的颈部下方，托起宝宝的头，再把另一只手放于宝宝的背部和臀部下面，安全地支撑宝宝的下半身。

更多了解

抱持宝宝时的注意事项如下。

❶ 把宝宝抱在妈妈的臂弯上时，宝宝的头部应比躺在妈妈的手臂上部的身体其余部分稍高。用前臂和手环绕宝宝，支托宝宝的背部和臀部。这样妈妈可以对宝宝讲话和微笑，宝宝也可以注视妈妈的一切表情和注意着妈妈的讲话。

❷ 妈妈可以用前臂使宝宝紧靠妈妈的上胸部，让宝宝的头伏在妈妈的肩上并用手扶托。这样，妈妈可以腾出一只手来。不放心的话可以用手支托宝宝的臀部。

贴心叮咛

一个月内的宝宝不适宜频频抱起，只在喂奶时、拍嗝时抱起就行。

给宝宝穿脱衣服的技巧

育儿须知

宝宝的身体很柔软，四肢还大多是屈曲状，不管是给宝宝穿衣服还是脱衣服，妈妈的手法都要轻柔。

更多了解

给宝宝穿衣服的技巧如下。

❶ 在给宝宝穿脱衣服时，可先给宝宝一些提示的信号，抚摸宝宝的皮肤，和宝宝轻轻地说话，如问宝宝："宝宝，我们来穿上衣服，好不好？"或是"宝宝，我们来脱衣服，好不好？"使宝宝心情愉快，身体放松。

❷ 让宝宝平躺在床上，妈妈先将左手从衣服的袖口伸入袖笼，使衣袖缩在妈妈的手上，右手握住宝宝的手臂递交给左手，然后右手放开宝宝的手臂，左手引导着宝宝的手从衣袖中出来，右手将衣袖拉上宝宝的手臂。穿裤子与穿衣服同理。

给宝宝脱衣服的技巧如下。

先用一手在衣袖内固定宝宝的上臂，然后另一手拉下袖子。脱裤子时也是需要一手在裤管内握住小腿，另一手拉上或脱下裤子。

贴心叮咛

妈妈平时要勤剪指甲，及时磨平，避免在照顾宝宝时划伤宝宝。

给宝宝换纸尿裤的要领

育儿须知

如何正确地给宝宝换纸尿裤，怎么换宝宝才高兴，这是每位新手妈妈都需要学习的知识。

更多了解

给宝宝换纸尿裤的方法如下。

❶ 让宝宝背朝下平躺着，把宝宝身上穿的纸尿裤打开放到一边，如果纸尿裤上有便便或尿液，要注意不要遗落在床上或者地板上。

❷ 抓起宝宝的腿，把宝宝的臀部抬起来，用湿纸巾或者温毛巾把宝宝身上擦干净，记得要从前向后擦；让宝宝的臀部自然晾干，给宝宝涂抹护臀膏。如果宝宝有尿布疹，还要涂抹相应的药膏。

❸ 再次抬起宝宝的臀部，把新的纸尿裤放在下面，上面的边沿要和腰平齐。把贴的魔术贴放在宝宝后面。

❹ 把固定位置的魔术贴拉到宝宝纸尿裤的前面，然后把两边都粘牢，确保后片压在前片上。

贴心叮咛

像换纸尿裤这些平时经常要做的事，妈妈都可以熟能生巧，但是刚开始的时候，方法要正确。另外，带宝宝出门的时候，一定要把宝宝要用的纸尿裤都准备好。

宝宝总是哭个不停的原因

育儿须知

宝宝通常是以哭声来表达各种情绪和需求的，因此，妈妈要学会依据宝宝不同的哭声来判断宝宝的各种情绪和表现。

更多了解

饥饿：当宝宝饥饿时，会以洪亮的哭声来告诉妈妈自己饿了，哭的时候头还会来回活动，嘴不停地寻找，并做着吸吮的动作。只要一喂奶，哭声马上就停止。

大小便了：有时宝宝睡得好好的，突然大哭起来，很有可能是宝宝大便或者小便把尿布弄脏了，宝宝感到不舒服而哭。

生病：有的时候，宝宝不停地哭闹，妈妈用尽办法都没法哄好；有时哭声尖而直，伴发热、面色发青、呕吐，或是哭声微弱、精神萎靡、不吃奶，这就表明宝宝生病了，要尽快请医生诊治。

感觉热：当宝宝感觉热时，也会大声哭，并哭得满脸通红、满头是汗，一摸身上也是湿湿的，这个时候，妈妈不妨看看是不是被窝很热或宝宝的衣服太厚使得宝宝因为热而难受得大哭。

感觉冷：当宝宝感到冷时，哭声会减弱，并且面色苍白、手脚冰凉、身体紧缩，这时把宝宝抱在温暖的怀中或加盖衣被，宝宝觉得暖和了，就不再哭了。

不安：宝宝哭得很紧张，妈妈却不理他，他的哭声会越来越大。

贴心叮咛

如果妈妈确信宝宝的需求已经被满足了，他没有不适，没有受伤或生病，而且妈妈努力了半天还是没能让宝宝平静下来，有可能是宝宝就是想哭，妈妈可以让宝宝哭一会儿，过一会儿后宝宝就不哭闹了。

怎样给宝宝洗澡

育儿须知

妈妈给宝宝洗澡时一定要注意手法轻柔，并按从头到全身的顺序，一步一步地进行。

更多了解

给宝宝洗澡的细节如下。

❶ 准备好宝宝洗澡所用的物品，如澡盆、毛巾、宝宝专用的清洁用品，以及换洗的衣物、尿布等。

❷ 洗澡时室内温度最好为24～28摄氏度，水温在38～40摄氏度，妈妈可以用肘部试一下水温，只要稍高于人体温度即可。

❸ 轻柔地帮宝宝脱去衣服，迅速裹上浴巾。

❹ 用左手拇指、中指从宝宝耳后向前压住耳郭，以盖住耳孔，用一专用小毛巾蘸湿，从宝宝眼角内侧向外轻拭双眼、嘴、鼻、脸及耳后，以少许宝宝专用洗发水洗头部，然后用清水洗干净，揩干头部。

❺ 洗完头和面部后，如脐带已脱落，可去掉浴巾，将宝宝放入浴盆内，以左手扶住宝宝头部，用右手按顺序洗宝宝的颈部、上肢、前胸、腹部，再洗后背、下肢、外阴、臀部等处，尤其注意皮肤皱褶处要洗净。

❻ 洗完澡后，要将宝宝用浴巾包好，轻轻擦干，注意保暖。在颈部、腋窝和大腿根部等皮肤皱褶处抹上润肤液，夏天扑上宝宝爽身粉。

❼ 给女宝宝清洗会阴时，应从前向后洗。男宝宝阴茎包皮易藏污垢，也应定期翻洗，男宝宝大部分是包茎，洗时用手轻柔地把包皮向上推一推即可。

贴心叮咛

如果宝宝的脐带未脱落，洗澡时，不宜将宝宝直接放入浴盆中浸泡，用温热的毛巾擦洗腋部及腹股沟处即可。注意不要将脐部弄湿，以免被脏水污染，发生脐炎。一旦弄湿，要及时用棉签蘸医用酒精擦拭断面和脐窝周围。

学会观察宝宝的粪便

育儿须知

妈妈应该学会从颜色、形状、质感上观察宝宝的粪便，以鉴别宝宝的消化状况。

更多了解

观察粪便的要点如下。

❶ 宝宝出生不久，会排出黑、绿色的焦油状物，这是胎粪。这种情况仅见于宝宝出生的头2～3天，是正常现象。

❷ 宝宝出生后一周内，会出现棕绿色或绿色半流体状粪便，充满凝乳状物。这说明宝宝的粪便在变化，宝宝的消化系统正在适应所喂的食物。

❸ 橙黄色似芥末样的粪便，且多水，有些奶凝块，量常常很多，是母乳喂养的宝宝

的粪便。

❹ 浅棕色、有形、成固体状、有臭味的粪便，是人工喂养的宝宝的粪便。

❺ 出现绿色或间有绿色条状物的粪便，也是正常现象。但是，如果少量绿色粪便持续几天以上，可能是宝宝吃得不够饱。

❻ 有时候宝宝放屁带出点儿大便污染了肛门周围，偶尔也有大便中夹杂少量奶瓣，颜色发绿，这些都是偶然现象，妈妈不要紧张，关键是要注意宝宝的精神状态和食欲。只要宝宝精神佳、吃奶香，一般没什么问题。

贴心叮咛

如果宝宝持续出现异常大便，如水样便、蛋花样便、脓血便、柏油便等，则表示宝宝多半生病了，妈妈应及时带宝宝去咨询医生并治疗。

宝宝的脐部如何护理

育儿须知

宝宝离开母体，医生剪断脐带，结扎，脐带的使命就结束了，脐带残端逐渐干枯、发黑，一般一周左右会自然脱落。

更多了解

护理宝宝脐部的方法如下。

❶ 宝宝出生后24小时即可打开敷在脐部的消毒纱布，看看脐部是否红肿或感染，如果没有任何异常，妈妈可用医用酒精棉球擦洗脐部；如果有点红，可用医用碘伏消毒，然后保持脐部的干燥。

❷ 在脐带残端脱落前，尿布不要盖在宝宝的脐部，避免感染，发生脐炎。

❸ 每次洗澡时不要把宝宝脐部弄湿，洗完澡后擦洗消毒一次脐部。

❹ 脐带残端脱落后，检查脐部是否异常。若脐带正常脱落了，妈妈的护理工作还要持续一个月，因为宝宝体内的脐血管要经过3~4周才能完全闭合。

❺ 有的宝宝脐带脱落后，脐部会鼓起一个大包，内部充满气体，即脐疝，俗称“气肚脐”，这种情况护理时尽量不要让宝宝哭，宝宝哭时腹压增大，哭的时间久了可能导致脐疝嵌顿。妈妈要细心护理宝宝，不要让宝宝总哭，在医生的治疗下会慢慢痊愈的。

贴心叮咛

如果宝宝脐部出现脓性分泌物，有臭味或红肿发热，这是脐炎。如果宝宝的脐带脱落后，局部一直不干燥，仔细看有一个绿豆大的凸起物，鲜红色，有渗液，擦时会出血，这是脐肉芽肿。如有上述的这两种情况都应尽快就医。

如何给宝宝清理鼻垢

育儿须知

宝宝的鼻腔黏膜比较敏感，接触到冷空气或啼哭后，常常会流鼻涕，鼻涕干燥变硬形成鼻垢，阻塞鼻腔，宝宝呼吸时会有鼻塞声。

更多了解

清理宝宝鼻垢的方法如下。

❶ 对于不太深、可以看到的鼻垢，妈妈可以用棉签蘸点温水轻轻地伸入鼻内将鼻垢取出。

❷ 若鼻垢太深，妈妈不要盲目清除，恐对宝宝造成伤害，可以用温热毛巾给宝宝鼻子热敷一会儿，让较深的鼻垢或鼻涕流出来再处理。

❸ 温热毛巾敷于鼻子根部可缓解鼻塞，用吸鼻器可以将鼻涕吸出来。

❹ 用带有橡胶保护套的镊子轻轻将鼻垢取出，不要用手或硬物取鼻垢。

贴心叮咛

宝宝吃奶时，呼吸费劲、烦躁不安、鼻翼煽动、脸色不好，可能是鼻子堵塞，妈妈应先清理宝宝的鼻垢后再给宝宝喂奶。

宝宝睡觉不安稳的原因

育儿须知

宝宝睡不安稳，一会儿一醒，醒来就哭，这不是宝宝故意捣乱，一定是有原因的，要仔细排查。

更多了解

宝宝睡不安稳，妈妈首先要看看室内温度和湿度是否过高或过低，宝宝保暖是否合适，纸尿裤更换是否及时，奶水是否充足，宝宝是否吃饱。

若上述方面都没有问题，看看宝宝是否有疾病症状，如是否有发热，小屁股是否发红，是否是吸奶时吸入大量气体排不出来而引起腹胀或肠道痉挛等。或者如果是母乳喂

养的宝宝，是否因妈妈孕期维生素D和钙剂补充得不足，造成宝宝低钙血症。

贴心叮咛

妈妈要给宝宝营造一个有利于入睡的环境，例如，给宝宝洗个温水澡，洗后轻轻给宝宝按摩一下等。

宝宝暂时不要枕枕头

育儿须知

刚出生的宝宝脊柱平直，平躺时背和后脑勺在同一个平面，如果这时候给宝宝枕枕头，颈部就垫高了，宝宝的颈、背部肌肉就不能自然松弛。

宝宝侧卧时，头与身体也在同一平面，若给宝宝枕枕头，很容易使宝宝颈部弯曲，有的还会引起宝宝呼吸和吞咽困难，不利于宝宝的生长发育。

贴心叮咛

宝宝采用两侧经常交换的侧卧睡姿是相对安全和理想的睡姿，宝宝的头形能发育得很漂亮。宝宝总朝一侧睡可能导致颅骨变形，脸型不对称。

新生儿疾病

宝宝需要做的体检

育儿须知

宝宝出生后的第一次体检一般在出生后42天时进行。在新生儿期，妈妈也可在家里给宝宝做一些简单的体检。

更多了解

称体重：妈妈抱着宝宝站在秤上称体重，得到总体重，然后妈妈单独称体重，总体重减去妈妈的体重，即为宝宝的体重。

量身长：让宝宝躺在桌上或木板床上，在桌面或床沿贴上一软尺。在宝宝的头顶和足底分别放上两块硬纸板，读取头板内侧至足板内侧的长度，即为宝宝的身长。

量头围：将软尺的零点（0厘米部分）放在宝宝左右两眉的眉弓中点（眉毛的最高点），将软尺沿眉毛水平绕向宝宝的头后，经过宝宝脑后的最高点，然后将软尺绕回眉弓中点，所得数据便是宝宝的头围。

量胸围：让宝宝平躺在床上，将软尺零点固定于乳头下缘，使软尺接触皮肤，经两肩胛骨下缘绕胸围一圈回至零点，读取的数值即是胸围。

量体温：宝宝体温测量以腋下最方便、最常用，在腋下因各种原因无法测量时，可测量肛温。

贴心叮咛

婴幼儿正常腋温为36.0～37.3摄氏度，高于37.3摄氏度就可能是发热。

宝宝需要注射的疫苗

育儿须知

宝宝新生儿期需要注射卡介苗和乙肝疫苗。

更多了解

	接种目的	接种注意事项
卡介苗	增强对结核病的抵抗力，预防严重结核病和结核性脑膜炎	当宝宝患有高热、严重急性症状、免疫不全、出生时伴有严重先天性疾病、低体重、严重湿疹以及可疑的结核病时，不应接种； 如果宝宝出生时没接种，可在2个月内到当地结核病防治所卡介苗门诊或者疾病预防控制中心的计划免疫门诊补种
乙肝疫苗	预防乙型肝炎	必须接种三次才可保证有效

贴心叮咛

在宝宝接种前，妈妈应准备好《儿童预防接种证》，这是宝宝接种疫苗的身份证明。以后为宝宝办理入托、入学时都需要查验。

生理性黄疸是正常的

育儿须知

很多宝宝都会出现黄疸，表现为宝宝眼部和鼻尖突然变黄，继而脸部全部黄染。新生儿黄疸一般是正常的生理现象，只有少数的是病理性黄疸。

更多了解

如何判断是生理性黄疸还是病理性黄疸。

生理性黄疸的特点如下。

❶ 宝宝出生后2～5天，初期主要在面部、颈部、鼻尖略微有点黄，然后在躯干、眼白、手心、脚心可以看到轻度发黄，但宝宝的精神状态好，爱吃奶，大小便正常。

❷ 宝宝出生后4～7天黄疸加重，皮肤、眼白、躯干、手心和脚心都会轻微发黄。

❸ 足月宝宝黄染在10～14天消退，早产宝宝黄染会延迟1～2周消退。

❹ 检查血清中胆红素偏高。

❺ 若停止母乳喂养，改喂配方奶，就会消退，黄染则是母乳性黄疸。

病理性黄疸的特点如下。

❶ 病理性黄疸是由疾病引起，足月的宝宝会在出生后24小时（早产儿48小时）内发生。

❷ 黄染消退的时间超过生理性黄疸消退时间或者消退后又重复出现并且加重。

❸ 黄染情况比较严重，波及全身。

贴心叮咛

若是母乳性黄疸，妈妈需要停止母乳一段时间或彻底断母乳，不需要特殊治疗。若是病理性黄疸，须尽快治疗。

怎样照顾黄疸宝宝

育儿须知

妈妈出院前，一定要先了解宝宝的皮肤黄染在身体哪些部位，回家后再观察有无任何变化。如果颜色越来越黄，黄染的部位越来越多，就一定有问题；如果黄染慢慢消退，就可能不需要担心了。

更多了解

黄疸宝宝居家照顾须知如下。

❶ 仔细观察黄疸变化 。黄疸是从宝宝的头开始黄，从脚开始退，而眼睛是最早黄，最晚退的，所以可以先从眼睛观察起。如果妈妈不知如何看，可以按压宝宝的身体任何部位，只要按压的皮肤处呈现白色就没有关系，是黄色就要注意了。

❷ 观察宝宝日常生活。只要觉得宝宝皮肤颜色看起来越来越黄、精神及胃口都不好，或者体温不稳、嗜

睡、容易尖声哭闹，都要去医院检查。

③ 注意宝宝大便的颜色 。要注意宝宝大便的颜色。如果是肝胆发生问题，宝宝的大便会变白，但不是突然变白，而是越来越淡，如果再加上皮肤突然又黄起来，就必须带宝宝去看医生。

④ 勤喂母乳。如果医生诊断宝宝是因为母乳喂食不足所产生的黄疸，妈妈必须勤喂母乳，刺激催乳素分泌。最好不要用水、糖水及其他代乳品补充。

贴心叮咛

尽量不要让家里太暗，窗帘不要拉得太严实，以便于有足够的光线观察宝宝的变化。

新生儿败血症

育儿须知

要预防宝宝患新生儿败血症，妈妈就要注意宝宝的脐部护理并学会观察。在症状出现时，妈妈要及时带宝宝就医诊治。

更多了解

新生儿败血症的早期症状并不明显，所以很容易被忽略。宝宝一般表现为精神萎靡，反应低下，“三不”（即不哭、不吃、不动），嗜睡，黄疸加重或退后复现，早产儿常体温不升，足月儿体温正常或升高，严重者可有皮肤出血点、面色发灰，甚至昏迷和抽风，而且常有脐部炎症等。

预防新生儿败血症，应注意宝宝的脐部护理，保护宝宝皮肤黏膜不受损伤，防止感染，一旦发现有皮肤、黏膜发炎现象，应迅速就医治疗。如发现可疑败血症症状，也应及时就医诊治。

贴心叮咛

宝宝体内的感染发展很快，也许在短短几个小时内，原本活泼健康的宝宝，就立即陷入败血症中，所以，爸爸妈妈一旦发现宝宝有不适症状，须马上送宝宝去医院。

新生儿肺炎

育儿须知

预防宝宝患新生儿肺炎，妈妈要注意宝宝的日常饮食和起居的卫生。如果发现宝宝有新生儿肺炎症状，及时去医院救治。

更多了解

宝宝患新生儿肺炎表现为反应低下、哭声无力、拒奶、呛奶及口吐白沫等，发病慢的多不发热，甚至有的体温偏低（36摄氏度以下），全身发凉。有些患儿出现鼻根及鼻尖部发白，鼻翼煽动，呼吸浅快、不规则，病情变化快，易发生呼吸衰竭、心力衰竭而危及生命。所以即便宝宝不发热，但只要看到上述情形，想到宝宝有患新生儿肺炎的可能，就应立即带宝宝去医院医治。

预防新生儿肺炎，要做到以下几点。

母乳喂养：母乳，尤其是初乳中含有大量的分泌型免疫球蛋白A，可以保护宝宝呼吸道黏膜免遭病原体的侵袭。喂奶时以少量多次为宜。

环境卫生：卧室要经常开窗通风换气，平时要保持室内适宜的温度及湿度。

隔绝感染源：尽量减少亲戚朋友的探视，尤其是患感冒等感染性疾病的人员不宜接触宝宝；家庭人员接触宝宝前应认真洗手，不要随意亲吻宝宝，以防将病原体传给宝宝而导致宝宝患病。

宝宝卫生：最好每天给宝宝洗澡，避免污染，以达到预防新生儿肺炎的目的。

宝宝鹅口疮

育儿须知

预防宝宝患鹅口疮，妈妈主要是要注意乳头和宝宝餐具的卫生。

更多了解

鹅口疮是由白念珠菌引起的口腔黏膜感染性疾病，患病的宝宝口腔内舌上或两颊内侧出现白屑，渐次蔓延至牙龈、口唇、软硬腭等处，白屑周围绕有红晕，互相粘连，状如凝固的乳块，随擦随起，不易清除。严重者白屑可蔓延至鼻道、咽喉、食道，甚至白屑堆叠，妨碍哺乳，导致宝宝啼哭不止。如见患鹅口疮的宝宝脸色苍白、呼吸急促，一定要立即送医。

预防鹅口疮的措施如下。

❶ 宝宝用过的奶瓶和其他物品要经常清洗和消毒。

❷ 喂奶前后用温水将乳头擦洗干净，喂奶后再给宝宝喂服少量温开水。

贴心叮咛

发现宝宝患鹅口疮要及时到医院请有经验的医生治疗，以免延误病情。

宝宝便秘怎么处理

育儿须知

宝宝是否便秘要看具体情况，如果只是排便间隔时间长，比如宝宝2~3天解一次大便，非常规律，且宝宝的精神状况及体重增加正常，这可能就是宝宝的排便习惯，而非疾病。

更多了解

宝宝出生早期可能有胎粪性便秘，这是由于胎粪稠厚，积聚在乙状结肠及直肠内，排出量很少。若宝宝出生后72小时尚未排完胎粪，则宝宝表现为腹胀、呕吐、拒奶，这时可在医生指导下，用温盐水灌肠或开塞露刺激，胎粪排出后症状即消失不再复发。如果随后又出现腹胀，这种顽固性便秘要考虑是否患先天性巨结肠。

如果宝宝大便次数明显减少，每次排便时非常用力，并且排便后可能出现肛门破裂、便血，应及时处理。可咨询医生后在宝宝的肛门内放置甘油栓以帮助排便。

贴心叮咛

切忌用泻药治疗宝宝便秘，因为泻药有可能导致肠道的异常蠕动而引起肠套叠，如不及时诊治，可造成肠坏死而危及宝宝生命。

新生儿成功早教

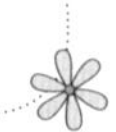

让宝宝听妈妈的心跳

育儿须知

产科医生一般会在宝宝出生后30分钟内，把宝宝放置在妈妈胸前，让宝宝听听妈妈的心跳。

更多了解

即使妈妈精疲力竭，也应努力抱宝宝，让宝宝伏在妈妈胸口睡上一小觉。分娩后的搂抱对母子关系的建立和日后安抚宝宝都有事半功倍之效，宝宝也会因此而放松。如果宝宝出生后12小时还没有躺进妈妈怀抱，不仅会使宝宝惶惑不安，也可能会令妈妈对“妈妈”这一角色缺乏直观的认同感。

贴心叮咛

如果家中请了保姆，妈妈不妨将一些育儿工作从保姆手里接过来自己做，尤其是一些有身体接触，有眼神、言语交流的活动，如替宝宝洗澡，做抚触操，与宝宝一起玩气球和铃铛等等，以加深母子间的情感联系。

温柔地抚摸宝宝

育儿须知

妈妈抚摸宝宝能够提高宝宝睡眠质量，而且有利于提升母子感情。

更多了解

宝宝出生后接触最多的人是妈妈，所以妈妈是宝宝最理想的抚摸者。

开始抚摸宝宝时，妈妈要保持心情愉快。先将手部的饰品取下，清洁手部，帮宝宝

脱衣服，再将按摩油倒入手中，用手心搓热，然后将毛巾围成圈，将宝宝轻放在圈中，可让宝宝更有安全感。和宝宝说说话，告诉宝宝："妈妈要开始抚摸你啦！"

贴心叮咛

抚摸宝宝可以按照这样的顺序：双脚→背部→手部→前胸→腹部→头部。注意，妈妈在抚摸过程中手法一定要轻柔，时间不要过长，如果宝宝有不耐烦的表现或者抵触情绪，要及时停止。

宝宝喜欢听妈妈说话

育儿须知

即使宝宝不会说话，不了解语言，妈妈所说的话也会不断灌输到宝宝的脑海里，虽然表面上看不出来，但其十分有利于宝宝的脑细胞发育。

更多了解

妈妈每次给宝宝喂奶、换尿布、洗澡时，都要利用这些时机多与宝宝说话。如"宝宝吃奶了""宝宝乖，马上就洗得干干净净了"等，以此传递妈妈的声音，增进母子间的交流。

在宝宝睡醒后，妈妈可以和蔼亲切地对他讲话，进行听觉训练。可以给宝宝唱一些歌，也可以给宝宝听一些柔和悦耳的音乐，但声音要小，以免过大的声音惊吓到宝宝。

在与宝宝的交流中，千万不要忽视爸爸的作用。爸爸和宝宝的交流风格常常不同于妈妈，妈妈可能会更多地使用语言、温柔的抚触和宝宝进行交流，爸爸则更爱在玩耍中与宝宝交流。

了解宝宝常见的先天反射

育儿须知

宝宝出生后，会有一些先天的反射帮助宝宝适应新环境，这是新生宝宝所特有的，医生可通过这些反射存在与否判断宝宝是否健康，神经系统发育是否正常。

更多了解

觅食、吸吮、吞咽反射：觅食反射是指妈妈或医生用手轻轻碰宝宝的一侧嘴角时，宝宝会马上把头转向嘴角被碰的一侧，张开小嘴寻找。吸吮和吞咽反射是妈妈将乳头或奶嘴放到宝宝嘴里，宝宝就会有吸吮和吞咽动作。

抓握反射：妈妈将手指放到宝宝手里要抽出来时，宝宝会抓握更紧不放。

拥抱反射：听到巨大声响时，宝宝会抓紧拳头收到胸前，膝盖蜷缩靠近小腹，好像要抓什么似的。

眨眼反射：妈妈用手轻碰宝宝的眼皮或眼角时，宝宝会做出眨眼动作来保护眼睛。

贴心叮咛

先天的反射是婴儿早期特有的，它可以反映婴儿机体是否健全、神经系统是否正常。随着婴儿年龄的增长，神经系统的逐步发育，这些先天的神经反射会在一定的时间内逐渐消失，被更成熟的神经活动代替。

准备黑白图片，提升宝宝的智力

育儿须知

宝宝出生后，对黑白的东西比较感兴趣，宝宝在0 ~ 3个月看黑白图片不仅能促进其视力发育，还能对宝宝进行早期智力开发。

更多了解

在宝宝出生后，爸爸妈妈可以准备几张黑白图片，一张是妈妈，一张是爸爸，其余的可以是同心圆、黑白方格、斜纹、波浪纹、电子琴键盘、地图图片，用A4或B5纸打印出来即可。

妈妈的黑白图片可以放在宝宝床栅栏内侧，距离眼睛20厘米处，宝宝每天醒来可以注意到，妈妈可以记录宝宝第一次看的时间，每天连续看的时间。一周左右后，宝宝看的时间缩短，可以换上爸爸的黑白图片。其他图片类推。

贴心叮咛

宝宝从睁开眼睛看东西一直到能看清色彩，需要经历几个时期，从黑白期到色彩期，再从色彩期到空间期。宝宝看黑白图片、开发智力越早，宝宝就越聪明。

婴儿养育篇

（1~12个月）

宝宝1~2个月

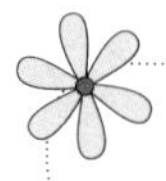

宝宝喂养

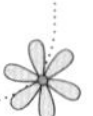

如何判断宝宝是否吃饱了

育儿须知

一般宝宝在出生后的头两天只吸2分钟左右的乳汁就会饱，3～4天后可慢慢增加到20分钟左右，每侧乳房约吸10分钟。

更多了解

由于宝宝无法直接用言语和妈妈沟通，妈妈要学会通过观察来判断宝宝是否已经吃饱。

❶ 喂奶前乳房丰满，喂奶后乳房较柔软。

❷ 喂奶时可听见吞咽声（连续几次到十几次）。

❸ 妈妈有下乳的感觉。

❹ 在两次喂奶之间，宝宝很满足、安静。

❺ 宝宝大便软，呈金黄色、糊状，每天排便2～4次。

❻ 宝宝体重平均每天增加10～30克或每周增加70～210克。

如果大致满足以上表现，就表明宝宝每天是吃饱了的，妈妈无需担心，实在不放心的话可以用手指点宝宝的下巴，如果他很快将手指含住吸吮则说明没吃饱，应稍增加奶量。

贴心叮咛

妈妈要注意，喂奶时尽量让一侧乳房吸空后再换另一侧，这会有利于增加泌乳，如果老不吸空，乳汁就可能慢慢减少。

妈妈生病了能喂母乳吗

育儿须知

妈妈在输液、发热、吃药等期间应该将乳汁挤出丢弃，等妈妈身体痊愈后再喂宝宝。

更多了解

妈妈如果患了肺炎、流行性感冒或严重的细菌性感冒，需要使用大量的抗生素，妈妈在吃药、输液期间不要给宝宝喂母乳，因为妈妈体内的药物浓度较高时，宝宝通过吃奶会摄入一定量的抗生素，这会伤害到宝宝身体健康。妈妈发热时，乳汁温度也会较高，且浓度较高，宝宝吃了，会出现胃肠不适，如消化不良等疾病。

妈妈患甲状腺功能亢进或甲状腺功能减退时，需要服药治疗，不应该给宝宝喂母乳，避免宝宝出现甲状腺病变。

妈妈患有急性肾炎等肾病时，要限制蛋白质的摄入量，而蛋白质含量低的乳汁也不利于宝宝成长。

妈妈患有高血压，使用降压药物时不要给宝宝喂母乳。

贴心叮咛

有一些患病的妈妈为了不影响给宝宝喂奶，生病了也硬挺着不吃药，这样既不利于自己身体康复，也会给宝宝的身体健康带来不利影响。

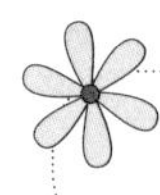

宝宝照护

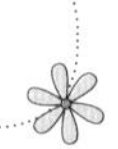

给宝宝剪头发需要注意什么

育儿须知

如果宝宝出生在夏天，那么满月了就可以剪头发。因为天气太热，头发多的宝宝容易长痱子，宝宝头上的胎脂也不易清洗干净。如果宝宝出生在冬天，给宝宝剪头发的事就可以往后拖一拖，等天气暖和了再剪，避免宝宝着凉感冒。

更多了解

给宝宝剪头发要注意的问题如下。

❶ 宝宝的囟门没有完全闭合，囟门处的头发最好不要剪掉，剪掉后宝宝很容易着凉。

❷ 宝宝的免疫力比较差，最好不要带宝宝去理发店剪发，那儿的人流量较大，致病菌比较多，宝宝很有可能感染。妈妈使用婴儿理发器时要逆头发茬剪，不要紧贴宝宝头皮剪，要轻轻地剪，避免碰伤宝宝头皮造成头皮感染。

❸ 宝宝的头发可以用小剪子剪，也可以使用静音的婴儿理发器，可以将宝宝少而黄的胎毛剃干净。

❹ 宝宝的皮肤比较嫩，第一次给宝宝剪头发最好选在宝宝睡着后剪，宝宝不会翻动或哭闹，妈妈能很快剪好。

贴心叮咛

妈妈千万不要用爸爸的剃须刀给宝宝剪发，剃须刀很容易伤到宝宝的头皮。

如何给宝宝测体温

育儿须知

宝宝发热时，妈妈如果想给宝宝测一下体温，一般可以选择用电子体温计，既方便，又安全。

更多了解

使用电子体温计给宝宝测量体温的方法如下。

❶ 用医用酒精棉球对体温计的感温头进行消毒。

❷ 打开电子体温计的开关，听到哔的蜂鸣声，体温计将进行自检程序。电子体温计上会显示上次测量记录的温度，即上次关机时所读取的温度值；当闪烁显示“LO”和闪动的测量度数时，表示此时可以开始测量温度。

❸ 用感温头对准宝宝需测体温的地方，注意距离要保持在1～10厘米，并停留1秒，听到“叮”声后移开。

❹ 读取数据时，只需要看电子屏幕上的温度即可，操作很方便。

测量体温时会因为测温时间、外界空气及不同身体部位的影响，而使测得的温度有所偏差。为了得到准确的测温数据，请始终保持一定的测温部位。腋下测温时，体温计应紧贴感温部位；舌下测温时，体温计应紧贴于舌根部位。

贴心叮咛

每次测量体温后要用医用酒精棉球消毒体温计，以便下次使用。若宝宝体温一直过低也要带宝宝看医生。

不要用摇晃的方法哄宝宝睡觉

育儿须知

三个月大以前的宝宝颈部比较软，头比较大，妈妈抱着宝宝摇晃时，宝宝的脖子不能支撑脑袋、给予缓冲，且自身保护能力差，这样宝宝的大脑内血管易出血或肿胀，影响宝宝的生长发育。

更多了解

妈妈不要用摇晃的方法哄宝宝入睡。哄宝宝睡觉时用摇篮、推拉婴儿车或高抛宝宝玩等等方式都会给宝宝脑袋造成一定的震荡，很容易伤到宝宝头部，影响宝宝智力发育等。

过度摇晃宝宝还会使宝宝患上婴儿摇晃综合征，表现为不爱吃奶、经常哭闹、眼部和视网膜充血，严重的会出现昏迷和呼吸困难。

贴心叮咛

妈妈哄宝宝入睡的最好方法是拉上窗帘将房间光线调暗，把宝宝放在婴儿床里，轻轻拍宝宝，给其讲故事或轻声唱歌哄其入睡，时间久了可以培养宝宝自己入睡的能力，且宝宝醒了不会反复哭闹。

宝宝一天睡多久合适

育儿须知

一般说来，两个月的宝宝一天的睡眠时间为14～18个小时比较正常，但每个宝宝有个体差异，睡眠时间也有一定的区别。

更多了解

若宝宝的精神状态好，情绪好，生长发育正常，妈妈就不用担心宝宝睡眠时间的问题。

宝宝的睡眠可以分为浅睡和深睡。宝宝浅睡时眼皮没有闭合，还一张一合，四肢有时会动几下。深睡时宝宝非常安静，眼皮、四肢均呈放松状态，偶尔在声响的刺激下有发抖现象，有的宝宝嘴角会出现笑意，呼吸均匀。妈妈有时会将宝宝的浅睡当作宝宝没有睡觉来计算宝宝的睡眠时间。

宝宝睡眠也受宝宝内在的生物钟影响，也需要宝宝生理成熟度的配合。所以妈妈应该给宝宝提供一个安静、室温适宜、空气清新、被褥舒适、灯光较暗的睡眠环境，可以促进宝宝睡眠。

贴心叮咛

入睡前半小时不要逗宝宝，以免宝宝太兴奋而不易入睡；白天多带宝宝出去走走，宝宝累了也可以增加睡眠时间。

宝宝睡偏头怎么办

育儿须知

两个月以内的宝宝，经常会出现睡偏头，要么宝宝的左侧睡偏了，要么宝宝的右侧睡偏了，严重的会影响宝宝的外观形象。

更多了解

形成偏头原因如下。

❶ 自然分娩的妈妈在生宝宝的过程中，由于宝宝胎头过大，或生产的过程用力过早没有力气生了，医生使用外力帮助妈妈生产。例如，使用真空吸引、产钳等方法，若使用不当，宝宝脑内很容易形成血肿。宝宝出生后由于疼，不愿意朝向血肿一侧睡，一个方向睡久了就会形成偏头。

❷ 出生后宝宝的囟门没有完全闭合，头骨比较软，不注意睡姿很容易出现偏头。

❸ 由于遗传原因宝宝出生后头骨就不对称，宝宝习惯于偏向一侧睡。

❹ 妈妈孕期营养不良，也可能引起宝宝头骨畸形导致宝宝睡偏头。

纠正方法如下。

❶ 将宝宝偏头相对严重的一侧垫高，可以使用毛巾，使宝宝头部不再向这侧偏。

❷ 若宝宝头偏的程度比较小，可以使用0～3个月宝宝专用的定型枕头，妈妈也可以自己给宝宝做一个适合纠正宝宝偏头的枕头。

❸ 母乳喂养的妈妈可以变换喂养姿势，尽量在宝宝没有睡偏的那侧躺着喂奶，而另一边喂奶时可以抱起来喂。让宝宝仰睡，并用毛巾垫高睡偏那一侧。

❹ 妈妈与宝宝说话时尽量让宝宝头偏向没有睡偏的那一侧。

❺ 若宝宝头偏向左侧，就经常给宝宝左侧颈部按摩。

贴心叮咛

在调整宝宝睡偏头时，妈妈一定要有耐心，每天坚持花时间帮宝宝调整睡姿，大约三个月左右就会看到效果。

保护宝宝的眼睛

育儿须知

宝宝0～3岁是眼睛呵护的关键期，宝宝还不会用眨眼方式保护自己的眼睛，有的时候看到一些蓝光时还会多看几眼，殊不知，这些情况就会伤害宝宝的眼睛。

更多了解

妈妈带宝宝晒太阳时，要注意别让强烈的太阳光直射宝宝的眼睛，要给宝宝戴上遮阳帽或让宝宝背朝太阳。

妈妈每次给宝宝照相时，不要使用闪光灯，这样会伤害到宝宝的眼睛，若担心光线比较弱，照相效果不好，可以将室内灯打开。

妈妈在给宝宝洗澡时，不要开浴霸，浴霸的灯光太强会伤害到宝宝的眼睛。

贴心叮咛

宝宝可能对电视上的广告很感兴趣，但妈妈不要让宝宝看电视的时间太长，1～3分钟即可。

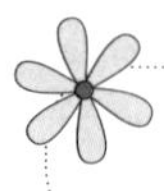

宝宝疾病

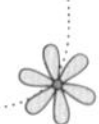

宝宝盗汗怎么处理

育儿须知

宝宝盗汗多表现为入睡后头部、颈部、躯干出汗，睡不安稳、手脚乱动、哭闹不停。盗汗的原因有多种，妈妈需要区别对待。

更多了解

以下情况会导致宝宝盗汗。

缺钙：如果宝宝夜间经常哭闹、盗汗、睡眠不好，还有枕秃等，妈妈最好带宝宝去医院查一下是否缺钙，若宝宝缺钙，可以按照医嘱补充维生素D和钙剂。

生理性盗汗：宝宝出汗多，但精神好，喜欢吃奶，生长发育正常，这是正常的，不用治疗，随着月龄的增加，盗汗会逐渐减少。

神经系统发育不完善：影响汗腺分泌的交感神经在宝宝入睡后有时会兴奋，刺激汗腺分泌。

新陈代谢快：宝宝手脚经常乱动，睡着了也有手动脚踹现象，加快了出汗。

睡前吃奶：宝宝入睡后机体会产生大量的热，宝宝通过皮肤散热也会出汗。

其他：宝宝衣服穿得过多，被子盖得太严，房间温度过高等，也会引起出汗。

贴心叮咛

盗汗的宝宝，很容易踢开被子着凉，妈妈要给宝宝勤擦汗和换衣服，避免宝宝感冒。

宝宝腹泻怎么办

育儿须知

腹泻是宝宝的常见病，多发生在夏秋两季，主要症状是宝宝大便次数明显增多，大便性状为含有奶瓣的蛋花汤样便，有时还有点绿，严重时宝宝还会发热、呕吐、不爱吃奶、手脚发凉，饮食、天气、卫生不佳是最容易引起腹泻的原因。

更多了解

腹泻常见原因如下。

❶ 宝宝喝奶过多、过少，不定时的喂养，过早添加淀粉食物或更换奶粉品牌都可能导致消化功能紊乱，进而引起腹泻。

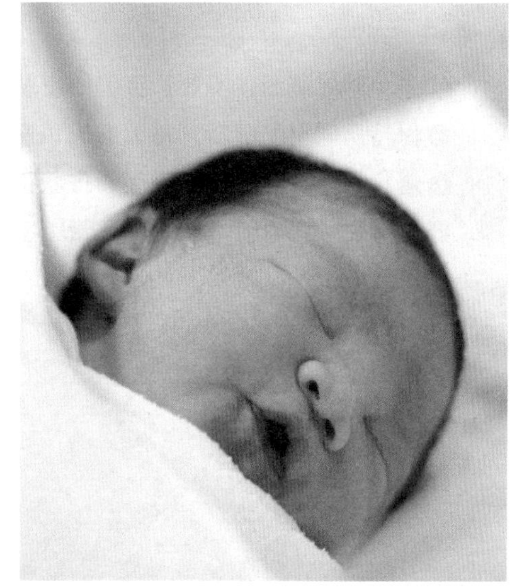

❷ 天气突然变冷，宝宝腹部未做好保暖而着凉引起腹泻。

❸ 天气炎热，宝宝饮水量比较少，喂奶量过多也会引起腹泻。

❹ 奶瓶、奶嘴等常用的器具消毒不全，也有可能导致宝宝细菌感染引起腹泻。

腹泻解决方法如下。

❶ 因饮食和天气不佳引起的腹泻，妈妈不要给宝宝使用抗生素，只要适当地调整喂奶量、注意保暖、多喂水、停止喂不适当的食物，宝宝一般就会自愈。

❷ 因细菌感染引起的腹泻，妈妈要把喂养宝宝用的奶瓶、奶嘴、奶锅等在沸水中煮30分钟，将细菌杀死，消毒干净，并且妈妈每次给宝宝喂奶都要使用消毒好的奶瓶，每次喂奶前要洗手。

贴心叮咛

宝宝腹泻时，肚子很不舒服，可能会胀气，妈妈可以用手逆时针轻揉宝宝腹部，排出宝宝肚子里的空气以缓解不适。

宝宝湿疹怎么护理

育儿须知

湿疹主要集中在面部，表现为皮肤发红，有针尖大小的疹子、渗液、结痂以及糜烂面，结痂后皮肤上有红印和少量的鳞屑，多是食物过敏、消化不良、太阳晒伤、环境刺激（花粉、油漆、洗涤液等）等造成。

更多了解

宝宝湿疹护理注意事项如下。

❶ 保持皮肤干爽，不要用热水和香皂给宝宝洗脸洗头，要用37摄氏度左右的温开水给宝宝洗脸洗头，再用小毛巾吸干宝宝脸上和头上的水。

❷ 确保室内湿度合适，宝宝房间湿度过大会使湿疹加重，所以宝宝房间湿度要保持在50%～60%。

❸ 避免外界刺激，不要让宝宝的皮肤接受强光照射以及冷风直吹。

❹ 保持房间空气清新，每天通风，避免细菌滋生。

❺ 避免抓伤。患湿疹的宝宝的皮肤很痒，要给宝宝勤剪指甲，避免宝宝抓伤自己。

❻ 湿疹比较严重时，妈妈应该带宝宝去医院看医生，遵医嘱使用医生开的药物。

贴心叮咛

母乳喂养的宝宝得湿疹时，妈妈一定不要吃辛辣食物。如果宝宝的湿疹长时间不痊愈，应尽早请医生治疗。

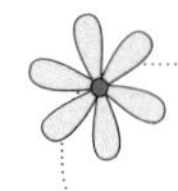

宝宝成功早教

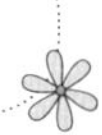

训练宝宝抬头运动

育儿须知

宝宝每学会一个动作都能促进其神经系统的发育。妈妈正确、科学地训练宝宝练习抬头，可促进宝宝的大脑发育，使宝宝更聪明。

更多了解

训练宝宝抬头的细节如下。

❶ 训练宝宝抬头，需要在宝宝清醒时、喂奶前一小时进行（避免宝宝因太饱而呕吐）。

❷ 床面平坦、舒适，让宝宝以俯卧姿势趴在床上，妈妈用色彩鲜艳的摇铃在前面逗引宝宝，让宝宝伸手去拿，宝宝就会努力抬头。

❸ 宝宝一般到三个月时能稳定地抬头45～90度。

❹ 妈妈看宝宝能坚持抬头1分钟时，可以将玩具从宝宝的眼前慢慢移动到头部的左

边，再慢慢地移到宝宝头部的右边，让宝宝的头随着玩具的方向转，每次训练10秒钟，逐渐延长时间，每天练习1～2次，每次训练时间不宜超过1分钟。

贴心叮咛

训练抬头不仅能锻炼宝宝的颈部、背部肌肉，而且有助于增加宝宝的肺活量。

让宝宝更早熟悉爸爸妈妈

育儿须知

宝宝经历了一个月的成长，视力和听力都有一定提高，对爸爸妈妈的声音和气味都非常熟悉了。爸爸妈妈越早教宝宝学习认识自己，对促进宝宝大脑发育就越好。

更多了解

爸爸妈妈如何教宝宝早点认识自己呢？

❶ 爸爸妈妈每天面带微笑地看宝宝的脸，让宝宝注视爸爸妈妈的脸，然后慢慢移动自己的脸，训练宝宝的追视能力。

❷ 每天宝宝醒来、换尿布、入睡时，爸爸妈妈应与宝宝多聊聊天，让宝宝熟悉爸爸妈妈的声音，这样宝宝听到爸爸妈妈的声音就会自动寻找，以训练宝宝的听力，而且还可能使宝宝尽早开口说话。

贴心叮咛

爸爸妈妈在教宝宝认识自己的时候，尽量不要换发型或频繁地换各种颜色的衣服，这样不利于宝宝熟悉并记住爸爸妈妈。

给宝宝听音乐

育儿须知

妈妈应选择适合宝宝入睡前听的音乐，不仅能引导宝宝轻松入睡，而且也能刺激宝宝的大脑发育，使其更聪明，更快乐地成长。

更多了解

给宝宝听音乐的注意事项。

❶ 选择一些轻松、欢快、节奏慢的曲子，这类曲子可以刺激宝宝的听觉神经，宝宝的身心会更健康。

❷ 妈妈可以哼几句歌词，配些形体动作，可能更能吸引宝宝的注意力。

❸ 妈妈给宝宝播放一些音乐作为背景音乐，妈妈可以用聊天的方式和宝宝说话，背景音乐可以潜移默化地刺激宝宝的听觉神经，时间久了宝宝就能轻松地融入音乐的世界。

❹ 妈妈给宝宝听音乐要适量，每天上午、下午清醒时、入睡前各1次，每次时间为10～15分钟。

贴心叮咛

妈妈给宝宝选择音乐时不要只给宝宝选择自己喜欢听的，会限制宝宝的音乐欣赏能力。

笑得早的宝宝更聪明

育儿须知

笑是宝宝和人交往的一种手段，也是宝宝正常成长的表现，宝宝的笑会吸引爸爸妈妈的关注，同时也是对宝宝自己的大脑的良性刺激。笑得早、爱笑的宝宝会比较聪明。

更多了解

逗宝宝笑的方式如下。

❶ 若妈妈经常对宝宝微笑，陪宝宝聊天，有的时候宝宝会给妈妈一个微笑。

❷ 当宝宝出现微笑时，妈妈可以用手抚摸宝宝，看着宝宝的眼睛说：“宝宝会笑了，真棒！”

❸ 妈妈看到宝宝笑了，可以用拨浪鼓或其他玩具逗宝宝再次发笑，宝宝笑得越早、越频繁，宝宝就越快乐，就会越有利于宝宝生长发育。

❹ 妈妈经常逗宝宝，让宝宝笑，宝宝将来会更自信、更乐观。

贴心叮咛

妈妈可以用一只手轻轻地挡住宝宝的眼睛，再将手松开，让宝宝注视妈妈来逗引宝宝发笑。

宝宝2~3个月

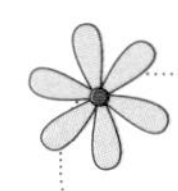

宝宝喂养

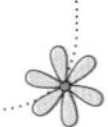

宝宝不是吃得越多越好

育儿须知

2~3个月的宝宝的胃容量很小，若妈妈给宝宝喂奶时方式不当，导致宝宝经常暴饮暴食，会增加宝宝胃的负担，引起消化不良，这样宝宝会很不舒服。

更多了解

妈妈给宝宝喂奶时要注意宝宝的体重不要超过本月龄体重最大限值，因为这样很可能导致宝宝肥胖。

妈妈在喂养宝宝时应该按照宝宝的实际营养需求来喂养，而不是宝宝想吃妈妈就喂。宝宝每天摄入糖和脂肪的量随喂养量的增加而增加，宝宝不能通过活动完全消耗过多的能量，它们就会转化为脂肪堆积起来，宝宝就会变成一个小胖子。

宝宝摄入过量，蛋白质和矿物质也会摄入过量，过多的蛋白质和矿物质不能被宝宝代谢利用，而是通过肾脏排出。2~3个月的宝宝肾功能发育不完善，这样会增加肾的负担，对宝宝健康不利。

宝宝每天吃过量的食物，食物不能完全消化吸收，很容易引起宝宝消化系统功能紊乱，进而出现腹泻、呕吐等症状。

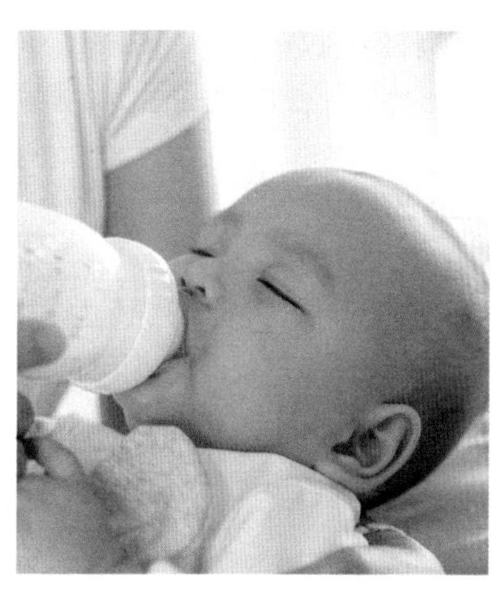

贴心叮咛

无论给宝宝吃什么食物，都要适量，过量可能导致宝宝厌食。

宝宝发热时不爱吃奶的处理方法

育儿须知

人体发热可引起胃肠功能紊乱、交感神经活动增强、消化酶的分泌减少。所以，宝宝在发热时会食欲减退，有时还肚子胀。

更多了解

宝宝发热时不爱吃奶的处理方法如下。

可以让宝宝每次吃奶的量少一点儿，多吃几餐。而且要吃一些稀薄而清淡的有助于消化吸收的食物，如在牛奶中加一些米汤或水，并注意给宝宝多喂水，保证足够的液体供给。宝宝发热时体内水分消耗较多，如不注意给宝宝喂水，一方面不容易退热，另一方面容易引起代谢紊乱。在给宝宝补充水时，特别要注意补充些鲜果汁或菜汁等。

宝宝照护

轻松学会抚触

育儿须知

抚触可以稳定宝宝的情绪，促进宝宝神经系统的发育和胃肠的蠕动，同时还可以培养宝宝的自信心，有利于亲子关系的建立。

更多了解

抚触前的准备如下。

❶ 宝宝房间室温保持在28～30摄氏度。

❷ 时间应在两次喂奶中间，在宝宝清醒时或宝宝洗澡后。

❸ 妈妈洗干净双手，手心滴一滴润滑油，两手搓匀。

❹ 若室内温度较高，可以将宝宝衣服脱了进行抚触。

抚触手法如下。

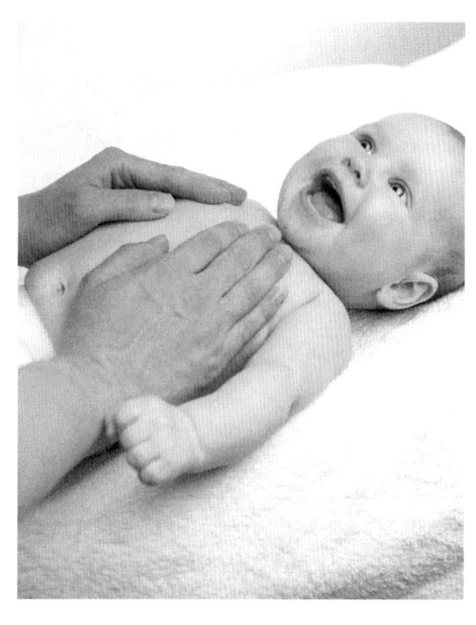

❶ 头部：用两只手的大拇指从宝宝前额的正中向两侧以及前额发际向上、向后抚触，至耳后乳突处，重复3遍，之后两大拇指从下颌中间向上向外抚触。

❷ 胸部：用手指头在宝宝胸部划圈，动作要轻柔，不要碰到乳头。

❸ 腹部：把手掌放在宝宝腹部，沿顺时针方向划圈，观察宝宝的面部表情，若发现有不适马上停止。抚触时注意不要压宝宝脐部。

❹ 四肢：用双手从宝宝肩部直接抚触到手指尖，两只手臂的抚触可以同时进行。腿部的抚触从大腿根一直抚触到脚趾即可。

❺ 手和脚：从宝宝掌面向指侧抚触，手指和脚趾每一个指头都要用两拇指单独抚触。

❻ 后背：一只手托着宝宝的头部和颈部，另一手托着腰部和臀部把宝宝翻成俯卧姿势，并把宝宝的两只手放在宝宝胸前，两手掌从脊柱的中央向两侧滑动。抚触完成后托着宝宝颈部把宝宝翻过来穿上衣服。

贴心叮咛

妈妈给宝宝抚触时，动作要轻柔，妈妈的双眼要与宝宝的眼睛对视。若宝宝有不舒服的感觉妈妈要马上停止抚触。

宝宝趴着会影响健康吗

育儿须知

让宝宝趴着可以促进宝宝身体的平衡，提高宝宝四肢的协调能力以及抬头能力，为宝宝将来学习爬行打下良好的基础。

更多了解

宝宝练习趴着的好处如下。

❶ 2~3个月的宝宝胃还是比较平，宝宝爱漾奶、吐奶，让宝宝平躺着，宝宝很容易呛着，若发现不及时，宝宝甚至会发生窒息。而宝宝趴着时，宝宝漾奶时奶水就会顺着嘴角流出。

❷ 宝宝趴着时，会刺激宝宝呼吸道呼吸，增加其肺活量。

2～3个月的宝宝颈部肌肉更加坚韧，协调能力加强，妈妈可以帮宝宝翻过来趴着，把宝宝的两只小手和胳膊放在宝宝的胸部，开始每天训练3次，每次2分钟，以后时间慢慢延长即可。

贴心叮咛

妈妈每天在宝宝清醒时帮助宝宝练习趴着，不要在宝宝吃完奶1小时内做这种活动，练习时宝宝如果哭闹可以停止练习，等调整好宝宝的情绪后再练习。

日光浴有利于宝宝健康

育儿须知

室外空气一般比室内空气更新鲜，含氧量更高，宝宝常到室外呼吸新鲜空气，可以增强宝宝抵抗力，减少和防止呼吸道疾病的发生，有利于宝宝身心健康。

更多了解

宝宝出生2～3周后，就要让其逐步与外界空气接触。在夏天要尽量把窗户和门打开，让外面的新鲜空气在室内自由流通。在春、秋季，只要外面的气温在18摄氏度以上，风又不大，就可以打开窗户。就是在冬天，在温暖的时候，也可每隔1小时打开一次窗户，每次5～8分钟，以流通空气，让宝宝呼吸到新鲜空气，有利于宝宝生长发育。

宝宝在逐渐适应室外空气后，可以做日光浴。

日光浴有促进血液循环、促进骨骼和牙齿生长的功效，并能增加食欲，帮助睡眠。做日光浴须循序渐进，刚开始时可选在阳光柔和但照射充足的房间，打开窗户晒太阳，每天1次，每次晒4～5分钟，持续2～3天。适应后，再让宝宝到户外做全身的日光浴，时间最长不超过30分钟。最好经常晒晒太阳，对宝宝更有好处。

贴心叮咛

不要让宝宝的头部特别是眼睛受阳光直射，注意把宝宝头部置于阴凉处或者让宝宝戴上帽子。

预防宝宝“文明感冒”

育儿须知

不少爸爸妈妈生怕宝宝受风着凉，总是限制宝宝的户外活动，甚至整日让宝宝待在门窗紧闭的温室里，并穿得很厚，这样会日渐削弱宝宝对外界温度变化的适应能力，宝宝稍不注意就会伤风感冒。有关专家对这种因育儿不当而导致的宝宝反复感冒取名为“文明感冒”。

更多了解

婴儿时期的宝宝呼吸系统尚未发育健全，神经系统功能未发育完善。让宝宝多到户外活动，对增强宝宝机体各器官的功能无疑十分有益。据一所幼儿园对一个班幼儿户外锻炼活动前后感冒发病率的统计对比，锻炼后感冒发病率比锻炼前明显下降，幼儿心肺功能及体质大大增强。

户外活动会增加能量的消耗，促进宝宝食欲，这对于克服宝宝挑食、偏食的毛病也有好处。因此，爸爸妈妈应积极带宝宝参加户外活动，以增强宝宝体质、预防疾病。

宝宝喜欢吐舌头正常吗

育儿须知

宝宝在2~3个月期间，是口欲期最强阶段，宝宝喜欢用舌头和嘴探知外面的世界，宝宝吐舌头是很正常的事情。

更多了解

宝宝在2~3个月时就特别爱伸舌头，玩得可高兴了，宝宝会将舌头伸出来舔舔自己的衣服、手，碰到什么舔什么。

宝宝用舌头舔东西，有的妈妈认为很不卫生，很不安全，禁止宝宝这么做，其实这样不利于宝宝通过舌头“学习”外面的环境，还可能影响宝宝的智力发育。

贴心叮咛

宝宝吐舌头玩时，妈妈可以不干预，让宝宝快乐地度过吐舌头的敏感期。当宝宝出牙后，给宝宝买磨牙棒，到时宝宝自然就会不吐舌头玩了。

宝宝的囟门可以碰吗

育儿须知

传统的观念认为“宝宝的囟门不能摸，摸了宝宝会生病的”。有的妈妈从不敢碰宝宝的囟门，致使宝宝囟门上结了一层厚厚的痂。这种育儿观念是错误的，囟门可以用手轻轻地摸，可以洗，但不能压。

更多了解

囟门是反映宝宝大脑发育情况和疾病变化的窗口。宝宝的囟门一般在12～18个月闭合。若宝宝的囟门在6个月之前闭合，说明宝宝可能有脑发育不全等疾病；若在18个月后囟门仍未闭合，提示宝宝可能有脑积水、佝偻病等。

囟门正常情况下是平的或稍凹，有的宝宝囟门处会轻微地跳动，这都是正常现象，妈妈不必紧张。

囟门处虽然没有头骨，但并没有想象中的那么脆弱，外面有头皮，里面有脑膜，只要不大力按压、不碰到硬物、尖锐物体就没关系，日常洗头、梳头、清理皮脂都是可以的，注意力度轻柔即可。

宝宝在什么情况下不能接种疫苗

育儿须知

宝宝生病时应暂缓接种疫苗。

更多了解

宝宝不能接种疫苗的情况如下。

❶ 宝宝的内脏器官有慢性疾病，如心脏病、肾炎等疾病，宝宝恢复健康之前不能接种疫苗。

❷ 宝宝患腹泻、急性痢疾等没有恢复健康时不能接种疫苗。

❸ 宝宝发热、流鼻涕、咳嗽等感冒症状没有彻底好时，不能接种疫苗。

❹ 宝宝患荨麻疹，没有治愈时不能接种疫苗。

❺ 宝宝有呼吸道疾病，如支气管炎，恢复健康之前不能接种疫苗。

❻ 宝宝有传染性疾病，如肺结核，恢复健康之前不能接种疫苗。

⑦宝宝得了湿疹，没有痊愈，不能接种疫苗。

贴心叮咛

若宝宝因为生病等原因不能及时接种疫苗，妈妈不要太着急，等宝宝好了再接种也可以，如果妈妈不放心，可以向接种疫苗的机构咨询，等宝宝好了再确定疫苗接种的时间。

根据屁判断宝宝的健康状况

育儿须知

宝宝放屁是正常的生理现象，屁可以测试宝宝胃肠功能的好坏，宝宝频繁地放屁，可能是要排便的信号，奇臭无比的屁也可能是宝宝消化不良的信号。

更多了解

以下是母乳喂养的宝宝放屁的各种情况及原因。

屁多：妈妈吃土豆或红薯过多所致。

屁臭：妈妈可能吃了过量的蛋白质，或吃了大蒜、豆类食品所致。

屁响：妈妈可能吃了萝卜之类的食物，也可能是宝宝吃母乳时奶嘴和宝宝嘴之间有空隙，吸入了比较多的空气。每次放屁时排出的空气多，放屁就响，排出的空气少，放屁就不响。

以下是人工喂养的宝宝放屁的各种情况及原因。

屁多：妈妈用奶瓶给宝宝喂奶和喂水时，宝宝吸入了大量的空气所致。

屁中带屎：宝宝吃的配方奶比较多，引起消化不良，妈妈可以给宝宝少喂些奶，多喂点水，或者喂宝宝一些辅助消化的益生菌等。

屁臭：可能与妈妈换不同品牌配方奶有关，配方奶中蛋白质和脂肪的含量高，宝宝没有完全消化吸收。妈妈可以多给宝宝喂些温开水，少喂些配方奶。

无屁：宝宝肚子疼、哭闹不安，几天没有大便，可能是便秘或胀气，也可能有其他疾病。

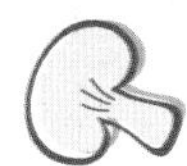

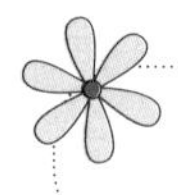

宝宝疾病

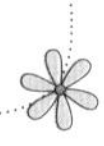

宝宝咳嗽不能乱吃药

育儿须知

咳嗽是人体自身的一种保护性反射，可以将呼吸道内包裹着致病菌的痰液咳出体外，有清洁呼吸道并保持呼吸道通畅的作用。3岁以下的宝宝咳嗽反射比较弱，痰不易咳出，不要擅自给宝宝吃止咳糖浆或止咳药，这会阻碍宝宝咳出痰液，易继发细菌感染，引起其他疾病。

更多了解

不同的疾病引起咳嗽的声音和伴随症状是不同的，妈妈可以由此粗略估计宝宝可能是什么病。

普通感冒	咳嗽时有稀、白痰，伴低热、打喷嚏、流涕、鼻塞等症状
流行性感冒	有时干咳、有时有痰，伴流涕、高热
喉炎	声音沙哑，咳嗽有“孔”声
哮喘	咳嗽时有气喘，多为夜间发作，运动、遇到冷空气、花粉会加重
支气管炎	初干咳、少痰，后期痰多，早上起来易咳嗽
百日咳	初期与感冒很难区别，一周后出现阵发性痉挛咳嗽，伴有鸡鸣样回音
肺炎	阵发性咳嗽、气急、精神状态不好，有发热、呕吐等症状

如果宝宝咳嗽时还有其他明显症状，如发热、有痰等症状，妈妈应带宝宝就医。

贴心叮咛

宝宝早上起来咳嗽几声，妈妈不要太紧张，可以将宝宝翻身或用手轻轻拍宝宝的背，有利于痰液咳出。宝宝生病期间需要多喝水、多休息，不要出去吹凉风。

预防宝宝尿布疹

育儿须知

尿布疹又称为臀红或臀部红斑，是宝宝常见的皮肤病。此病主要是由尿布上沾的大小便、汗水及未洗净的洗衣粉、肥皂等刺激宝宝皮肤引起的。所以腹泻的宝宝常可出现此症。

更多了解

尿布疹开始可见到臀部泛红，继而出现红色的小皮疹，严重的可致皮肤破溃，呈片状，女宝宝可蔓延到会阴及大腿内侧，男宝宝可见睾丸部受侵。

爸爸妈妈要注意预防宝宝发生尿布疹。

❶ 大小便后及时更换尿布，尤其在宝宝大便后，要用温水洗净皮肤并更换尿布。

❷ 不要使用塑料薄膜直接包裹宝宝的皮肤，这样会使尿液不能及时蒸发。

❸ 宝宝每次排便后，忌用热水和肥皂洗臀部，应用温水冲洗后轻轻擦干，涂些滑石粉或油膏。

❹ 如果宝宝发生了尿布疹，每次给宝宝换尿布后，须在损伤部位涂上紫草油或鞣酸软膏。

宝宝痱子的防治

育儿须知

宝宝皮肤娇嫩，很容易生痱子，妈妈要特别注意。宝宝生痱子主要是因为夏季温度过高，宝宝出汗较多，汗水蒸发后留下的盐会刺激皮肤，导致皮肤周围组织发炎而起痱子。

更多了解

痱子初起时是一个个针尖大小的红色丘疹，突出于皮肤，呈圆形或尖形。月龄较大的宝宝会用手去抓挠，易抓破皮肤，继发皮肤感染，最终形成疖肿或疮。

痱子的防治方法主要有以下几种。

❶ 经常用温水洗澡，浴后揩干，扑撒痱子粉。痱子粉要扑撒均匀，不要过厚。出现痱疖时不可再用痱子粉。

❷ 不能用肥皂和太烫的水洗痱子。出汗时不能用冷水擦浴。

❸ 宝宝因痱子感到痛痒时应防止其搔抓，可将宝宝的指甲剪短，也可咨询医生后采用止痒、敛汗、消炎的药物，以防继发感染引起痱疖。

❹ 如果宝宝因缺钙而多汗，妈妈应在医生的指导下给宝宝服用维生素D制剂、钙剂。

❺ 在夏季，宝宝的活动场所及居室要通风，并要采取适当的方法降温。

❻ 不要让宝宝在日光直晒处活动过久。

❼ 宝宝衣着应宽松透气，保持皮肤干燥，减少出汗。特别是对肥胖、高热的宝宝，以及体质虚弱多汗的宝宝，要多洗温水澡，加强护理。

宝宝流口水如何护理

育儿须知

3个月的宝宝，唾液分泌量明显增多，吞咽功能还没有完善，宝宝还不会吞咽口水，多余的口水就会顺着嘴角流出来，这就是“流口水”，这是正常现象。

更多了解

宝宝的皮肤比较嫩，当口水流到嘴角、下颌、脖子时，次数多了，时间久了，宝宝的皮肤容易发红和溃烂，易使宝宝得湿疹或其他皮肤疾病。宝宝皮肤发炎时一定要保持皮肤清洁、干燥清爽。

流口水护理注意事项如下。

❶ 宝宝的口水流出来了，妈妈要用干净柔软的小毛巾轻轻地吸干流出来的口水，每次使用过的小毛巾应该清洗干净并在阳光下晒干再使用。

❷ 宝宝口水流过的地方妈妈要用温开水清洗，涂上护肤霜，保护局部皮肤。

❸ 妈妈不要使用湿巾纸擦拭宝宝的口水，避免里面的香精再次刺激宝宝的皮肤。

❹ 妈妈可以给宝宝带个围嘴，口水弄湿后要及时清洗干净。

❺ 宝宝的上衣、被子、枕头会经常被口水弄湿，妈妈应勤洗勤晒。

❻ 按医嘱给宝宝涂一些药膏。涂药膏时妈妈要看着宝宝的手，别让宝宝的手碰到药膏，避免宝宝吃手时将药膏吃入嘴里。

贴心叮咛

宝宝大一些时，妈妈要教宝宝学吞咽口水，等到宝宝可以吃辅食时，妈妈可以给宝宝含磨牙棒，宝宝的口水就会流得少一些。

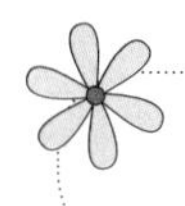

宝宝成功早教

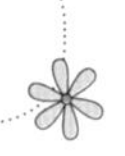

教宝宝学侧翻身

育儿须知

俗话说，“三翻六坐”，也就是说宝宝在3个月左右可以做90度的侧翻身了。妈妈若从这时起训练宝宝练习侧翻身，对宝宝四肢神经和肌肉的发育十分有利。

更多了解

练习侧翻身的方法如下。

❶ 仰卧时侧翻身：妈妈可以让宝宝仰躺在大床上，用一个能吸引宝宝注意力的玩具逗宝宝，当宝宝看到玩具想抓时，妈妈可以将玩具沿着宝宝视线向左或右轻轻移动一点儿，宝宝的头也会跟着转，伸手去抓时上身也跟着转，多逗几次，宝宝很快就会翻身了。

❷ 侧卧时侧翻身：妈妈在一侧逗宝宝，若宝宝朝左侧躺着，妈妈可以把宝宝的右腿放到左腿上，再将宝宝左手放在胸腹之间，妈妈一只手保护宝宝颈部，另一只手轻推宝宝的背部，再用玩具逗，宝宝就会翻过去了。

❸ 俯卧时侧翻身：宝宝侧卧和仰卧翻身都练习好了，妈妈可以帮宝宝练习俯卧。妈妈可以将宝宝翻成俯卧姿势，让宝宝爬着玩一会儿，练习一下抬头，妈妈用一只手插到宝宝胸下部，帮助宝宝从俯卧的姿势翻成侧卧姿势，妈妈一定要注意不要伤到宝宝。

宝宝生活规律早培养

育儿须知

宝宝与前2个月相比，晚上的睡眠时间变长了，白天的睡眠时间减少了，宝宝能区分白天和黑夜了，妈妈可以开始培养宝宝睡眠的生物钟，这样更有利于宝宝的生长发育。

更多了解

饮食：考虑到宝宝4个月时要添加辅食，妈妈可以将宝宝的喂奶时间延长，每天6次，时间为分别为6：00、9：30、13：00、16：30、20：00、23：00 。人工喂养的宝宝白天在两次喂奶之间喂点温开水，同时喂些果汁或蔬菜汁。

学和玩：2个月的宝宝白天清醒的时间延长，天气不好的时候妈妈可以带宝宝在室内玩玩，当天气合适时，妈妈可以带宝宝外出散步，呼吸新鲜空气，晒晒太阳。

睡觉：妈妈可以将宝宝的睡眠时间固定在一个时间段里，白天宝宝可以睡三四次，每次2小时左右，晚上睡10小时左右。因为这个阶段的宝宝能分清白天和夜晚。

教宝宝学发音

育儿须知

宝宝开始进入学发音阶段。妈妈应该陪宝宝多说说话，用轻柔缓慢的声音教宝宝学习发音。每次练习时，妈妈要面对宝宝，让宝宝看着妈妈的口型，让宝宝模仿妈妈来发音。

更多了解

宝宝在这个阶段若还不会模仿妈妈的口型发音，妈妈不要太着急，可以多增加一些刺激宝宝发音的游戏，让宝宝多看妈妈的口型，如拉长音的“啊——”“噢——”“咿——”“哦——”等，妈妈每天多重复几遍，再用夸张的口型吸引宝宝关注。

妈妈每天晚上哄宝宝入睡时，可以编一些带有这类发音的儿歌给宝宝听，如“小花猫呀，去上学，学什么，学唱歌，唱什么歌，喵喵喵”等。妈妈再将“喵”音拉长教宝宝。

贴心叮咛

有些妈妈习惯让宝宝俯卧睡，认为这样不影响宝宝大脑的生长发育，这是有一定科学道理的，但假如照顾宝宝的人一时疏忽，很可能导致宝宝窒息死亡。

训练宝宝追视能力

育儿须知

追视是指宝宝通过眼球移动的方式连续地看某一个特定的目标，这个目标可以是玩具，也可以是妈妈的身影。刚开始时宝宝头部还不会跟随眼睛看的方向转动，妈妈可以帮宝宝轻轻转动头部。

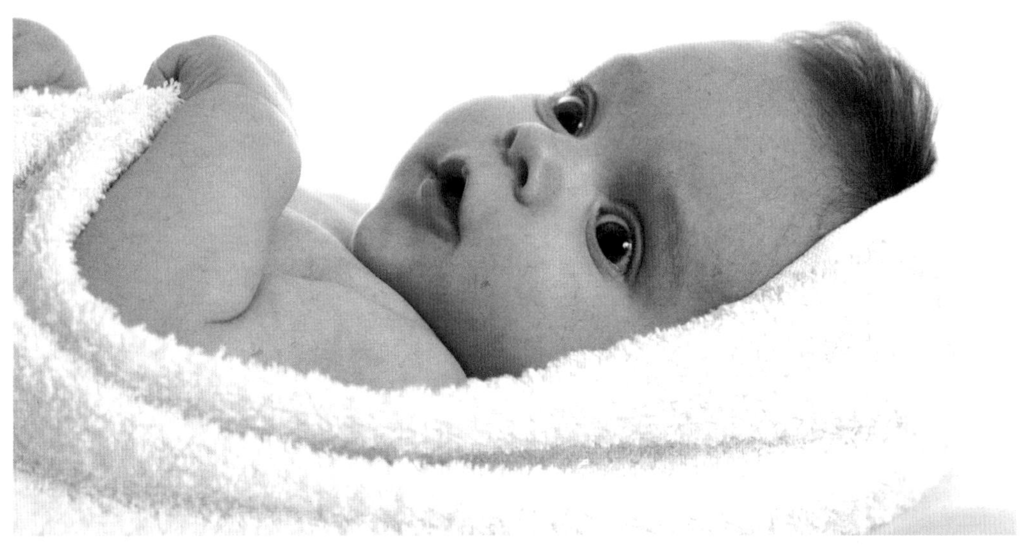

更多了解

妈妈可以用自己的脸先引起宝宝注视，妈妈再把脸从中间向左慢慢地移动90度或向右慢慢地移动90度，宝宝会追视妈妈的脸之后，妈妈的脸再一会儿向左移动、一会儿向右移动，宝宝就会用眼睛追随着妈妈脸的方向。

宝宝会追视妈妈的脸后，妈妈与宝宝玩藏猫猫游戏，妈妈在宝宝的一侧慢慢地移动到另一侧，妈妈嘴里说："宝宝找找妈妈在哪里，在这里。"妈妈经常训练，宝宝会逐渐习惯追随着妈妈的声音找去。

贴心叮咛

妈妈每天让宝宝练习几次追视，有利于宝宝两只眼睛互相协调和灵活运动，锻炼宝宝头颈部的协调能力。

爸爸多陪宝宝好处多

育儿须知

传统的育儿观念认为，养育宝宝都是妈妈的事，平时很多爸爸不会抱宝宝、哄宝宝，更不会给宝宝换尿布和喂奶，导致爸爸一抱宝宝就哭，宝宝每天都很依恋妈妈。这样的育儿观念是不科学的。

更多了解

爸爸多陪宝宝的好处如下。

❶ 爸爸的勇敢、幽默会潜移默化地影响宝宝，有利于宝宝社会化成长。

❷ 有的爸爸会更理性，对宝宝无理的要求会拒绝，有利于宝宝的成长。

让宝宝的运动和语言能力齐发展

育儿须知

2～3个月的宝宝在趴着时，一般可以抬起头，也可以用手肘支撑起上半身，还会把身体翻向侧面，听到声音会把头转向声音来源处。这时，爸爸妈妈可以适当训练宝宝的运动和语言能力。

更多了解

2～3个月的宝宝不只是会紧紧握拳，而且经常半张着手在胸前玩手或捏弄玩具。当手碰到东西时会紧紧抓住，看到感兴趣的东西时则全身乱动，并企图抓到它。爸爸妈妈应经常训练宝宝手的抓握能力。

宝宝3个月大时，已经开始发出声音。爸爸妈妈应该在宝宝精神好的时候经常逗他，和他说说话，引导宝宝练习发音，促使他不断地发出声音。

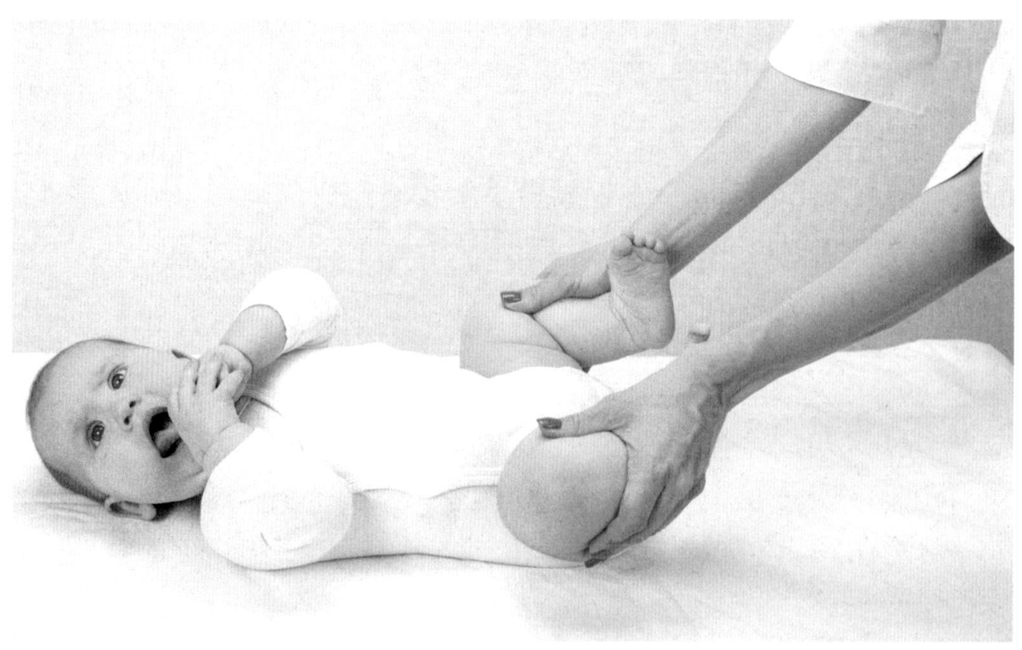

宝宝3~4个月

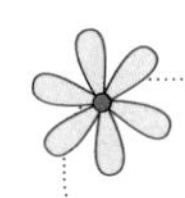

宝宝喂养

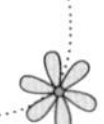

宝宝可以喝果汁吗

育儿须知

母乳喂养的宝宝，若妈妈营养均衡，母乳中有丰富的维生素，可以不喂果汁。混合喂养和人工喂养的宝宝，可以喂点果汁。

更多了解

果汁中有丰富的维生素、果糖，大量的水，宝宝每天喝10毫升的果汁，可以促进宝宝生长发育，减少便秘的发生。

给宝宝喂果汁的要点如下。

❶ 选择应季的水果，比如夏天的桃子、西瓜，秋天的苹果、葡萄，冬天的柚子、橙子，春天的草莓、樱桃。

❷ 水果一定要清洗干净，每次给宝宝榨一种水果，不要混合榨汁。

❸ 用流水洗净榨汁机、碗以及小勺，之后用沸水烫5分钟。

❹ 榨汁时选择果汁和果肉渣分离的榨汁机，榨出的纯汁倒在碗里喂宝宝喝。

❺ 用60摄氏度的温开水，按1：3 的比例将果汁稀释，不要加糖。

❻ 用小勺将果汁装入消毒好的奶瓶，温度40摄氏度时开始喂宝宝。开始时每天上午两餐之间喂一次，一次10毫升，宝宝适应后可以逐渐增加到20毫升。

贴心叮咛

宝宝适应喝一种果汁后再换下一种，一般一周换一种水果。

果汁可以代替白开水吗

育儿须知

水是宝宝生长发育阶段不可以缺少的物质，可以直接吸收利用。宝宝每天都需要喝一定量的水。有的宝宝不喜欢喝水，妈妈就不给宝宝喂水，直接喂果汁，这种做法是错误的。

更多了解

果汁中含果糖，长期当水饮用，宝宝摄入糖类过多，会引起肥胖。并且如果宝宝体内有过多的糖类，会使体液成酸性，引起机体在生长发育阶段酸碱失衡，免疫力降低，容易发生细菌感染。

长期喝果汁，宝宝体内的血糖较高，宝宝经常没有饥饿感，会不喜欢吃奶，导致营养不良。

贴心叮咛

如果宝宝不喜欢喝白开水，那么妈妈可以在白开水中加一点冰糖，宝宝接受之后，每天减少一些糖，宝宝慢慢地就适应白开水了。

宝宝照护

给宝宝准备一个小枕头

育儿须知

宝宝在3~4个月大时开始练习抬头，脊柱颈段开始出现生理弯曲。为了维持宝宝的脊柱生理弯曲，使宝宝保持良好睡眠，妈妈应该在宝宝3个月后给其枕枕头，保证宝宝睡觉时更舒服。

更多了解

一般宝宝枕头的尺寸要求长30厘米，宽15厘米，高3~4厘米。

妈妈可以自制枕头或给宝宝购买枕头。枕芯可选择轻便、透气、吸汗的，如茶叶枕、蚕沙枕、荞麦皮枕，妈妈也可以用小米做枕芯给宝宝做枕头。

每天宝宝睡觉前，妈妈可以用手把枕头与宝宝头部接触的地方压出与宝宝后脑勺相似的形状，也可以购买专门的婴儿枕头。

贴心叮咛

宝宝的枕芯要经常在太阳底下暴晒，枕套要常洗常换，保持清洁。

培养宝宝良好的睡眠习惯

育儿须知

要保证宝宝有充足的睡眠，妈妈要帮助宝宝养成良好的睡眠习惯。

更多了解

宝宝在这个阶段，睡眠时间明显减少，每天的睡眠时间为14~15个小时，其中晚上占9~10个小时。晚上，妈妈给宝宝喂一次奶就可以，妈妈和宝宝后半夜都可以睡一个大觉。

宝宝能区分白天和黑夜了，妈妈可以每天晚上让宝宝19：30~20：30上床，这个时间有利于宝宝入睡。

早晨可以在6：00~7：00让宝宝醒来，若宝宝睡过了，妈妈可以轻揉宝宝脚心，弄醒宝宝，这样有利于宝宝建立规律的生物钟。

宝宝白天的睡眠时间可以上午一次，下午两次，每次一两个小时。

贴心叮咛

妈妈每天按时哄宝宝入睡，不要因为自己的事情耽误宝宝的入睡时间，否则宝宝太困了，会睡不安稳或难以入睡。

宝宝睡觉时鼻子不通气

育儿须知

非病理性的鼻子不通气对于成人来说没有什么问题，但对于3个月的宝宝就是麻烦事了，若处理不当，宝宝会一直哭闹。

更多了解

妈妈可以用宝宝的小毛巾沾点温开水放在宝宝鼻部或前额热敷，每次2分钟，每天3次，轻微的鼻子不通气很快就能好，若情况严重，妈妈可以多敷几天。

宝宝的鼻子经过热敷后，鼻腔内会比较湿润，鼻垢可以随着鼻涕慢慢地流出，妈妈也可以用棉签蘸水轻轻地将鼻垢弄出来。

贴心叮咛

宝宝的鼻子不通气有可能是房间太干燥引起的，妈妈可以看看房间湿度是否合适。

宝宝身上发出“咔咔”的响声正常吗

育儿须知

宝宝的身体有时候会发出“咔咔”的声音，有的是在妈妈给宝宝换尿布时，有的是在妈妈给宝宝把尿时。这是正常的生理现象。

更多了解

婴儿期宝宝的关节、韧带比较薄弱，关节窝浅，当妈妈给宝宝换尿布或把尿时，关节处于屈伸活动状态，关节与韧带之间摩擦就会出现“咔咔”的响声。

若宝宝没有哭闹或表现出不舒服，就不需要治疗，宝宝长大一些，韧带变得结实了，关节也发育完善了，这种关节发出的响声就消失了。

贴心叮咛

宝宝身体发出的响声也可能由疾病引起，比如关节组织出现病变时。关节也会在宝宝活动时发出清脆的声响，并伴有一定的疼痛。妈妈一旦发现宝宝有疼痛反应，就应立即带宝宝去医院就诊。

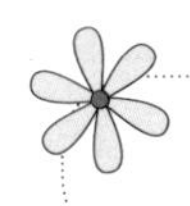

宝宝疾病

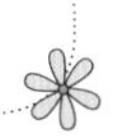

预防宝宝夜惊

育儿须知

有的宝宝夜里睡觉时会突然惊醒，醒后大叫，并有惊恐的表情，有时一夜惊醒数次或连续几夜都惊醒。宝宝的这种夜惊现象主要责任常常在爸爸妈妈，很可能是宝宝睡眠姿势不对，或者是受到爸爸妈妈语言恐吓造成的，只有极少数宝宝夜惊是因疾病引起的。

更多了解

爸爸妈妈应该注意培养宝宝良好的睡眠习惯，如睡觉时不要趴着，仰卧位时双手不要放于胸前，以免压迫心脏影响血液循环，不要蒙着头睡觉，以免造成大脑缺氧等。

爸爸妈妈在宝宝入睡前不要带宝宝做剧烈活动，也不要讲情节惊险可怕的故事，也不要和宝宝嬉戏打闹，否则会使宝宝的大脑处于兴奋状态，这样一来，宝宝夜间就容易做噩梦而惊醒。

爸爸妈妈平时也不要打骂和恐吓宝宝，这样会使宝宝的精神高度紧张。

有些疾病如癫痫、哮喘等，也会造成宝宝夜惊，爸爸妈妈应注意观察，发现异常情况，及时带宝宝到医院就诊。

预防呼吸道感染

育儿须知

急性呼吸道感染是宝宝的常见病，也是5岁以下宝宝死亡的第一原因。加强呼吸道感染的预防，是宝宝保健的重要任务。

更多了解

护理不当、宝宝包裹太紧、衣着过多或过少、空气污染、经常接触呼吸道感染患者、气温骤然变化等，都是呼吸道感染的诱发因素。急性呼吸道感染可分为极重症、重度肺炎、轻度肺炎和感冒等。

呼吸道感染预防的要点如下。

❶ 注意营养均衡。

❷ 加强锻炼，经常户外活动。

❸ 保持室内空气新鲜，尽量避免接触呼吸道感染的患者。

❹ 按时进行预防接种。

如发现呼吸道感染早期症状，应及时治疗，防止病情加重。

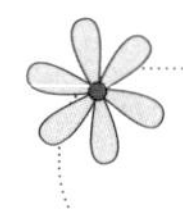

宝宝成功早教

宝宝的视觉如何训练

育儿须知

视觉刺激对于宝宝的大脑发育十分重要，视觉训练是3～4个月的宝宝训练的重点，妈妈可以从玩具、色彩方面训练宝宝的视觉。

更多了解

3～4个月的宝宝对彩色非常敏感。宝宝看多种颜色，会刺激宝宝视觉神经发育，使宝宝视觉功能发育更快。

为了训练宝宝的追视能力，妈妈可以用颜色鲜艳、能发声的玩具吸引宝宝的注意力，训练他目光追随移动的发声物体。妈妈可以与宝宝玩“藏猫猫”游戏，说“妈妈在哪呢？”或藏在宝宝小床旁边，让宝宝找。

宝宝看到喜欢的玩具会很开心，有时还会用手去抓，妈妈可以一边告诉宝宝这是什么颜色，一边移动玩具，以训练宝宝视觉与肢体协调配合能力。

贴心叮咛

3～4个月时是宝宝的色彩敏感期，通过训练，不仅能促进宝宝视觉发育，也有利于妈妈与宝宝亲子关系的建立。

宝宝的嗅觉如何训练

育儿须知

宝宝在胎儿期时，嗅觉器官就发育成熟。出生后，宝宝就可以依赖自己的嗅觉辨别出妈妈的味道。妈妈可以让宝宝闻各种蔬菜水果来训练宝宝的嗅觉。

更多了解

妈妈可以先用宝宝经常接触到的气味来锻炼宝宝，如菜香味、米香味、沐浴液的气味等。

妈妈可以给宝宝闻各种调料味道，如料酒、醋、酱油等的气味。

妈妈可以给宝宝闻各种水果味道，如苹果、橙子、柠檬、香蕉、西瓜、榴莲等的气味。

妈妈可以让宝宝闻各种蔬菜味道，如韭菜、番茄、黄瓜、大葱、姜、蒜等的气味。

妈妈可以让宝宝闻熟食的味道，如面包、香肠、烤鸡等的气味。

贴心叮咛

妈妈在给宝宝做嗅觉训练时要注意不要引起宝宝过敏（如花粉），同时不要刺激到眼睛（如风油精）。

听三字儿歌学发音

育儿须知

3～4个月的宝宝听到熟悉的音乐或妈妈有节奏的声音，就会手足舞蹈，妈妈可以根据宝宝反应，选择宝宝喜欢、节奏感强、内容实用的三字儿歌经常放或唱给宝宝听。

更多了解

学发音：小宝宝，去上学，学什么？学唱歌，什么歌，啊——。

拍手歌：小宝宝，拍拍手，你拍一，我拍一，做游戏，笑嘻嘻。

喝奶歌：小奶瓶，盛满奶，宝宝喝，妈妈乐，喝没了，长得快。

睡觉歌：小宝宝，天黑了，闭上眼，睡觉了，妈妈睡，宝宝睡。

洗手歌：小宝宝，洗洗手，讲卫生，不生病，爸爸夸，妈妈爱。

起床了：红太阳，高高挂，小宝宝，起床了，睁开眼，伸伸腿。

贴心叮咛

白天宝宝看到陌生人或物时会受到惊吓，睡梦中可能啼哭。解决方法是妈妈安慰宝宝，告诉宝宝不要害怕。

训练宝宝用手拿东西

育儿须知

宝宝的手的功能发育对宝宝智力发育十分重要，也是早期教育的一个重要环节，妈妈不要忽视宝宝的手从简单的五指抓握到完成精细动作的训练。

更多了解

宝宝现在已经认识妈妈了，妈妈可以把自己洗干净的手放在宝宝的手里，然后抬到宝宝的视线范围内，宝宝注视10秒之后，妈妈再一点点移开，看宝宝是否有抓手的意识。若没有，妈妈可以每天在宝宝清醒时重复训练几次，妈妈要有耐心，宝宝慢慢就会抓妈妈的手了。

初期妈妈可以将红色小铃铛套在宝宝的手腕上，宝宝可以顺着铃铛声音注意到自己的手，妈妈也可以把宝宝的手放在宝宝的视线范围内，训练宝宝的眼手协调能力。

贴心叮咛

宝宝学习抓握时，正是宝宝“口欲期”阶段，宝宝不管玩什么玩具，都习惯往嘴里放，舔一舔，咬几口，所以妈妈给宝宝购买玩具时要注意选择安全无毒、环保、没有异味、不掉色、不掉漆的玩具。

玩玩具使宝宝更聪明

育儿须知

专家认为，宝宝玩玩具可以刺激神经细胞发育，进而促进宝宝的大脑发育，宝宝玩玩具玩得越开心，宝宝的神经细胞发育的速度就越快，宝宝就会越聪明。

更多了解

这个月龄的宝宝处于动作思维阶段，宝宝通过不停地吃、触摸、摆弄来认识事物。宝宝自己的手也是宝宝早期发育过程中的一个重要玩具，能刺激宝宝视觉神经和触觉神经的发育，增强宝宝的视觉能力和眼手协调运动能力。

宝宝在玩玩具的过程中，并不一定越贵的玩具就越喜欢，妈妈要注意宝宝玩什么最开心。例如，有的宝宝特别喜欢玩不同颜色的饮料小瓶子、勺子、碗等生活用具，若能用小手敲上几下，发出高高低低的声音，宝宝会玩得更开心，还会发出“咯咯”笑声，或一些妈妈听不懂的宝宝自娱自乐的声音。

贴心叮咛

妈妈给宝宝练习抓握的玩具，不要太小，不要有棱角，要选择大小适合宝宝小手、便于宝宝抓握的玩具。

宝宝4~5个月

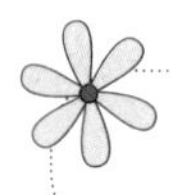

宝宝喂养

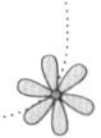

不要过早给宝宝添加辅食

育儿须知

宝宝的消化系统在宝宝6个月时逐渐完善。此前宝宝的肠道通透性比较大，所以6个月前不建议给宝宝添加辅食，否则比较容易引起过敏，特别是爸爸妈妈中一方是过敏体质的，宝宝过敏的可能性更大。

更多了解

宝宝在4~5个月就会表现出对成人食物的兴趣，比如看到大人进食自己就会盯着咂巴嘴，除此之外，还有一些表现表明宝宝已经做好接受成人食物的准备了。

❶ 口水增多。

❷ 频繁咬奶头或者奶嘴。

宝宝在这时候虽然有了接受辅食的准备，但是为了更安全，降低宝宝过敏可能性，还是要再等等，等满6个月了再加辅食。但当宝宝体重达到出生时的2倍，母乳喂养一天8次左右，人工喂养奶量1天超过1 000毫升，宝宝仍显饥饿，且体重不见增长，就需要考虑添加辅食。

教宝宝自己拿奶瓶喝奶

育儿须知

宝宝自己捧着奶瓶喝奶，是宝宝探索欲望成长的表现，妈妈应该加以引导，经常锻炼宝宝自己喝奶，宝宝就会很好地学会抓握奶瓶。

更多了解

妈妈可以买带有彩色卡通图案的奶瓶，里面放一些果汁，彩色的瓶子和香甜可口的果汁可以吸引宝宝的注意力，提高宝宝的食欲。宝宝会自然而然地喜欢上奶瓶，并主动抓握奶瓶。

妈妈可以在宝宝喝奶时，将宝宝的一只手放在奶瓶的一边，让宝宝握着，妈妈一只手在另一边保护着。妈妈每次喂奶都锻炼宝宝抓握，宝宝很快就能学会握着奶瓶喝奶。

贴心叮咛

若宝宝不喜欢自己拿奶瓶，妈妈不要强迫宝宝，因为不同的宝宝生长发育上还会有一些差异，妈妈不要太着急。妈妈可先培养宝宝的抓握意识。

宝宝照护

宝宝经常吃手好吗

育儿须知

宝宝会通过吃手来满足他的心理需求，这是口欲期的表现。

更多了解

宝宝早期的吃手行为并不是一种坏习惯，而是宝宝智力发育进入了手眼协调阶段，手的支配能力逐渐变强的表现。

宝宝吃手，并不是饿了想吃奶，而是宝宝智力开发的一种锻炼，手也是宝宝早期比较喜欢的“玩具”，妈妈不要强行阻止宝宝这种行为，否则有可能破坏宝宝的自信心。

不过，吃手时间长了，会影响宝宝长牙，邻牙之间有可能出现缝隙，出现下颌变形，牙齿排列不整齐、不对称现象。妈妈应该用玩具或磨牙棒等吸引宝宝的注意力，让宝宝改掉吃手的坏习惯。

贴心叮咛

宝宝经常吃手，妈妈要经常给宝宝洗手，避免摄入细菌引起宝宝感染。

宝宝早睡早起好处多

育儿须知

对于正在迅速成长的宝宝来说，养成早睡早起的好习惯，不仅可以保证宝宝的睡眠质量，还可以抓住宝宝在睡眠中的生长发育最佳时机。

更多了解

宝宝在晚上9：00~10：00入睡，有利于宝宝生长发育。因为宝宝在晚上11：00到凌晨1：00时，是生长激素分泌的高峰期，宝宝睡得越安稳，生长激素浓度就越高，就越有利于长个子。正如老年人说的“宝宝睡一睡，长一长”。

宝宝睡得早，有利于夜间褪黑素的分泌。褪黑素可以防止细胞氧化损伤，还可以增强免疫力，有利于宝宝生长发育和身体健康。

贴心叮咛

早睡早起不是让爸爸妈妈一味地让宝宝早起而不给宝宝充足的睡眠，而是让宝宝在有充足睡眠的情况下养成早睡早起的好习惯。

不要经常换人带宝宝

育儿须知

4~5个月的宝宝开始长牙了，有时身体会很不舒服，如果经常换人照护宝宝，宝宝容易生病。

更多了解

4~5个月的宝宝建议最好不要频繁地更换带宝宝的人。因为每更换一次带宝宝的人，宝宝都需要一个适应的过程，一般需要几周时间。

4~5个月的宝宝开始认人了，新人对宝宝来说很陌生，宝宝的记忆中找不到新带宝宝的人的脸，宝宝就会哭闹，渐渐地就没有了安全感。

贴心叮咛

此时，宝宝进入了依恋期，带宝宝的人不要经常换，这样可以使宝宝在情感上得到满足，情绪也会更稳定。

宝宝喜欢抓妈妈的头发怎么办

育儿须知

宝宝有时会突然抓住妈妈的头发，妈妈伸手想把头发从宝宝的手里拿出来，宝宝会抓得更紧，甚至要放进嘴里吃，弄得妈妈很疼或很生气。其实，妈妈不要生气，这是宝宝“口欲期”特点。

更多了解

口欲期（0~1岁）的宝宝会用手抓头发往嘴里放或抓衣服吃，这都很正常，这是宝宝认识世界的一种方式。

宝宝在抓妈妈的头发时，妈妈不要表现出很在意这件事，因为宝宝看妈妈的反应比较大后，会通过这种方式吸引妈妈的注意力，时间久了，宝宝会养成经常抓妈妈头发的坏习惯。

对于1岁以内的宝宝，妈妈不要认为宝宝吃手或吃玩具脏就阻止宝宝吃，妈妈可以将宝宝的手和玩具洗干净，满足宝宝需求。

注意中耳炎

育儿须知

由于宝宝的咽鼓管位置低，且直、短、粗，当宝宝患上呼吸道炎症时，细菌容易经此通道蔓延扩散到中耳，引起中耳炎。此外，分娩时的羊水及出生后的乳汁等也可能经宝宝外耳道流入中耳，引起中耳炎。

更多了解

急性中耳炎的主要表现为发热、耳痛及流脓，所以当宝宝突然出现烦躁不安、哭闹、发热时，应先检查一下双侧耳朵，看有没有触痛或牵拉痛。

当宝宝入睡碰到其耳朵时突然醒来哭闹，或喂奶时患侧耳朵朝下受压时，宝宝啼哭不肯吃奶，则说明耳道疼痛，爸爸妈妈应想到宝宝患中耳炎的可能，并及时送宝宝到医院检查。否则等到耳朵流脓时才发现，说明鼓膜已穿孔，治疗不及时会影响听力，造成终身遗憾。

警惕肠套叠

育儿须知

肠套叠发生的年龄大都在5个月至1岁半，尤以5个月至9个月大最常发生，男婴比女婴多。腹痛、呕吐和果酱样血便是此病最明显的症状。

更多了解

肠套叠是小儿常见的腹部急症之一，是指某段肠管凹陷入其远端的肠管，像收起单眼望远镜一样。

当肠道前后相套，造成部分阻塞时，宝宝就开始产生阵发性腹部绞痛，显得躁动不安、双腿屈曲、阵发性啼哭，并常合并呕吐；疼痛过后，宝宝显得倦怠、苍白，以及出冷汗。此时爸爸妈妈若没警觉，或医师也没检查出来，几小时后，婴儿开始解出果酱样的血便，这是因肠管套牢后，肠壁出血混着肠黏液所造成的血便，此时若再不及时送医，很容易造成肠坏死，甚至腹膜炎。

因此，当宝宝出现阵发性腹痛，表现出躁动不安、呕吐甚至果酱样血便等典型症状时，爸爸妈妈就应提高警觉，及时就医。

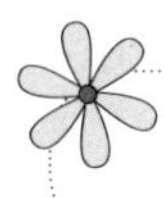

宝宝成功早教

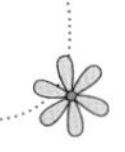

照镜子，让宝宝变聪明

育儿须知

照镜子是宝宝智力开发过程中一个很有趣的游戏，宝宝可以通过镜子中的影像认识五官、认识身体、认识自己，了解实物和镜像之间的不同。

更多了解

当宝宝第一次照镜子时，有的会大哭，因为他不知道镜子里的宝宝是谁，还不认识自己。照镜子时，妈妈可以指指宝宝的脸，反复叫宝宝的乳名，让宝宝的眼睛看着镜子里的影像。

宝宝熟悉照镜子后，看到镜中的影像时，会睁大眼睛看，有时还会笑一笑。经过一段时间训练，宝宝会主动摸镜子，拍打镜子，这表示宝宝自己的影像了。

宝宝照镜子，不仅仅是看镜中的一个影像，还是发现自己，认识自己的一个过程。

贴心叮咛

照镜子儿歌：小镜子，照一照，里面有个小宝宝，你看我，我看你，摸一摸，碰一碰，我们都是乖宝宝。

训练宝宝学发“ma”和“ba”

育儿须知

4~5个月的宝宝会“咿呀、咿呀”地发出很多元音，如“a”“o”“e”等，以及少量的辅音“m”“h”等音。4~5个月是宝宝学习连续音节阶段，妈妈若加以训练，宝宝就会发连续音节。

更多了解

在妈妈没有训练宝宝时，4~5个月的宝宝会无意识发出“ma”和“ba”的音节。当妈妈听到宝宝发出这种音之后，除了高兴、兴奋，应该用夸张的嘴形拉长音对宝宝说

"ma——ma"，不断地重复，宝宝看妈妈的嘴形就会模仿，发出"妈妈"音。爸爸在听到时，就要像妈妈一样，训练宝宝发"ba——ba"音节。

妈妈在和宝宝练习发音游戏时，可以不停地重复，逗宝宝模仿早期发出的一些元音，训练宝宝从无意识发音，变成有意识发音。训练发"a""o""e""u"等音时，可以逐渐声调拉长，然后再训练发一些辅音，如"b""p""m"等。

贴心叮咛

宝宝在学习发音阶段，很喜欢一个人在清醒时，发出一串妈妈听不懂的音，自己有时还"咯咯"笑，对自己的"独创语言"感到很有趣，这就是人们常说的"宝宝语"。

进行叫名字训练

育儿须知

妈妈每天叫宝宝的名字，对宝宝来说也是一种刺激，经常这样刺激宝宝，渐渐地，宝宝就会形成条件反射，当妈妈叫宝宝名字时，宝宝就会有反应。但这不是宝宝的自我意识，若想让宝宝认识自己，妈妈还需要不断强化训练宝宝。

更多了解

宝宝现在认人了，妈妈在和宝宝玩照镜子游戏时，可以指着宝宝的小鼻子对宝宝说："你叫××。"再拉长音重复多次。

妈妈和宝宝玩藏猫猫游戏时，妈妈可以说："××，找找妈妈在哪里，妈妈在这里，××找到了，××你真棒。"

妈妈在宝宝早上清醒时，妈妈可以叫宝宝名字，面带微笑地对宝宝说："××，早上好呀。"

如何教宝宝认物

育儿须知

妈妈教宝宝认物，不仅可以促进宝宝视觉神经和听觉神经的发育，同时也可以提高宝宝视觉和听觉的协调性，促进宝宝的智力发展。

更多了解

妈妈可以观察宝宝经常爱盯着什么看，用宝宝感兴趣的东西来教他认物，这样便于

宝宝学习而且很容易学会。妈妈也可以在床上放一些玩具，让宝宝抓自己喜欢的，如小鸭子，然后妈妈告诉宝宝这是小鸭子。

平时妈妈有空带宝宝出去走走时，宝宝看到小草，妈妈可以用手指指草并告诉宝宝说："草，这是绿色的草。"看到花时说："花，这是红色的花。"每次见到后重复两三次即可。

贴心叮咛

宝宝现在开始练习认识物品，能提高宝宝的认物能力。

提高宝宝双手的灵活性

育儿须知

宝宝出生后运动能力的发育都遵循着一定的规律，即由粗到细，由低级到高级，由简单到复杂。随着运动能力的不断发育，宝宝感受到外界的刺激越来越多，反过来会不断地促进其智力发育。所以"心灵"与"手巧"是相辅相成的。

更多了解

4～5个月的宝宝就会有目的地伸手抓东西，并能把放在面前的东西放进口里。这时爸爸妈妈应在宝宝面前放一些容易拿得起来且又没有危险的小玩具，如小木槌、木圈、带响声的小玩具，逗引宝宝用手去拿。

宝宝的手在完成每一个动作时，要经过大脑、眼等的相互配合，所以训练宝宝手的灵活性和各种技巧，可同时促进大脑的发育。

宝宝5~6个月

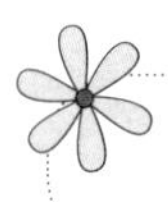

宝宝喂养

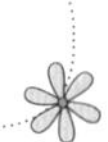

宝宝不想吃奶是什么原因

育儿须知

不少宝宝5~6个月时吃奶时吃吃停停，东张西望，嘴里还发出“咕咕”响声。如果宝宝每天吃的量变少，但精神状态好，宝宝可能暂时进入了生理性的厌奶期，导致宝宝不爱喝奶，这是正常生理现象。

更多了解

宝宝生理性厌奶的原因如下。

❶ 宝宝对周围的事情充满了好奇心，无法专心喝奶。

❷ 宝宝开始长牙，喜欢咬一些固体食物，不喜欢吮吸了。

❸ 宝宝生长速度放缓，对奶的需求量没有以前生长快时需求那么多了。

❹ 长时间喝配方奶，摄入蛋白质多，宝宝胃肠疲劳。

解决办法如下。

❶ 给宝宝提供一个安静、不会被人打扰的吃奶环境。

❷ 多喂宝宝一些果汁或蔬菜汁，可以补充一些维生素。

❸ 尝试用勺喂一些配方奶。

❹ 宝宝可以多吃一些蛋黄、米汤或白米粥。

贴心叮咛

妈妈千万不要强迫宝宝吃奶，否则往往适得其反。

换乳期如何喂养

育儿须知

“换乳期”是指宝宝从单纯喂养母乳等液体食物到喂养成人食物的转变过程，即出生后的第6个月到1岁左右这段时期。也就是说宝宝的主要食物开始由液体过渡到固体食物，如由母乳或配方奶过渡到米粥、蔬菜和肉等食物。

更多了解

宝宝即将进入换乳期，妈妈需要为此做些准备，了解一下换乳期食品添加的原则。

❶ 液体食物→泥状食物→固体食物。

❷ 每种辅食的添加量要从少到多、由稀到稠，慢慢添加，逐渐增多。

❸ 每次只尝试添加一种新食物，待宝宝适应后一周左右，再添加其他食物。

❹ 每次添加时，注意宝宝大便情况、精神状态，以及吃奶情况，若有异常，停止添加。

❺ 为6~8个月的宝宝添加少量的半流质食物，如米糊、蛋黄泥等，宝宝用勺子被动进食。

❻ 为8~12个月的宝宝添加切碎的固体食物，如碎肉、碎菜末、碎水果粒、薯类等，让宝宝学会使用勺子，并将食物咀嚼吞咽。

贴心叮咛

此时宝宝的肾脏功能发育还不完善，在1岁前最好不要给宝宝添加盐、鸡精、番茄酱等口味重的调味品，否则会增加宝宝肾脏负担。

教宝宝学习咀嚼

育儿须知

5~6个月是宝宝学习咀嚼和吞咽的关键时期，宝宝这个时期学得最快，只要妈妈稍加训练和指导，宝宝就能很快学会。

更多了解

妈妈在保证营养均衡的前提下，还要考虑食物硬度、柔韧性、松脆度，为宝宝的口腔肌肉提供不同的刺激，促进宝宝咀嚼和吞咽功能的发育。

5~6个月的宝宝将开始慢慢尝试其他滋味的食物，学会接受用勺吃饭，妈妈可以喂宝宝一些稀的蛋黄糊，量从少到多，宝宝适应了以后再添加其他辅食。也可以给宝宝磨牙棒，或喂一些饼干，宝宝会边玩边吃，又能锻炼咀嚼能力。

贴心叮咛

若只给宝宝添加流质的食物，不给宝宝添加固体食物，宝宝的咀嚼肌不能充分发育，牙周就会比较软，宝宝的出牙也会相对更晚。

第一道辅食用蛋黄

育儿须知

刚开始添加辅食的宝宝最好添加含铁较丰富，又能被宝宝消化吸收的食品，鸡蛋黄是较适合的食品之一。

更多了解

宝宝可以加辅食了以后，最先加的应该是蛋黄。开始时将鸡蛋煮熟，取1/4蛋黄用开水或米汤调成糊状，用小勺喂，以锻炼宝宝接受用勺进食。确定宝宝食后无腹泻等不适后，再逐渐增加蛋黄的量，8个月后宝宝便可食用整个蛋黄乃至整个鸡蛋了。

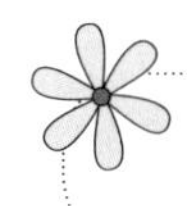

宝宝照护

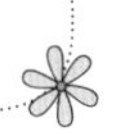

宝宝长牙怎么护理

育儿须知

宝宝6个月左右时，开始长牙了，有的宝宝会流口水，有的宝宝会烦躁不安，甚至到处乱咬，这些都是因为长牙给宝宝带来了不适。

更多了解

妈妈要缓解宝宝长牙的痒和痛，就要让宝宝咬东西，因为宝宝只有咬东西才会感觉舒服一些。所以妈妈应每天给宝宝准备不同的东西让宝宝咬，如磨牙棒、玩具、牙胶等，以免在喂奶时宝宝咬妈妈的乳头。

妈妈在给宝宝选择牙胶时，可以选择材质环保的软硅胶，内部为空心，在乳牙还没有完全长出时使用，可减轻宝宝出牙时的不适和烦躁。

贴心叮咛

如果宝宝咬了妈妈的乳头，妈妈尽量不要大声喊叫，这样会吓着宝宝，宝宝晚上睡觉时可能会出现哭闹，甚至食欲不好，不想吃母乳了。

不要经常给宝宝使用安抚奶嘴

育儿须知

宝宝经常使用安抚奶嘴会形成依赖，有的宝宝长大后也很难戒掉，给妈妈带来养育困难。

更多了解

使用安抚奶嘴是妈妈哄宝宝的一种方法，但宝宝一哭就使用，替代了妈妈的拥抱、抚触等亲子活动，不利于母子关系的建立。

另外，过多使用安抚奶嘴，会影响宝宝的上下颌发育，导致上下牙齿咬合不对称，出牙的时间可能会比正常的时间晚，还有出牙不整齐现象。

不过，偶尔给宝宝使用安抚奶嘴，可有效地安抚宝宝哭闹情绪，会使宝宝的情感需求得到满足，增加其安全感。

贴心叮咛

可以偶尔使用安抚奶嘴安抚宝宝，但不要经常使用，例如宝宝睡了可以把嘴上衔的安抚奶嘴取出来。在宝宝出牙时妈妈最好不要给宝宝使用安抚奶嘴。

不要让宝宝长时间坐在宝宝车里

育儿须知

让宝宝坐在宝宝车里，爸爸妈妈可以推着宝宝到户外去晒太阳，呼吸新鲜空气，让宝宝接触和观察大自然，促进宝宝的身心发育，但宝宝车也不能久坐。

更多了解

宝宝车的样式比较多，有的宝宝车可以坐，放斜了可以半卧，放平了可以躺着，使用很方便。但注意不能长时间让宝宝坐在宝宝车里，任何一种姿势维持时间长了都会造成宝宝发育中的肌肉负荷过重。

另外，让宝宝整天单独坐在车子里，宝宝就会缺少与爸爸妈妈的交流，时间长了，影响宝宝的心理发育。正确的方法应该是让宝宝坐一会儿，然后爸爸妈妈抱一会儿，交替进行。

妈妈要多花些时间陪陪宝宝

育儿须知

5~6个月的宝宝认生了，会躲避生人了。宝宝的情绪有了很大的变化，妈妈要多花一些时间陪陪宝宝，亲近宝宝，不要冷落宝宝，也不要无意中伤害宝宝脆弱的心灵。

更多了解

妈妈千万不要认为宝宝太小，什么都不懂，就一直只忙自己的事，其实，这么小的宝宝很希望妈妈亲近自己，妈妈不要只忙自己的事而冷落了宝宝。

妈妈若在家里比较忙，妈妈可以把宝宝放到婴儿床里，让宝宝仰卧时能看到妈妈，

妈妈在一旁用眼睛不停地看看宝宝，过一会儿抱抱宝宝，逗逗宝宝，家务事和亲近宝宝交替进行，宝宝会感觉妈妈一直在自己身边，没有被冷落的感觉。

有的宝宝会通过发脾气或大哭的方式吸引妈妈的注意。妈妈平时一定要多关心宝宝。

宝宝疾病

宝宝患急性支气管炎的护理

育儿须知

急性支气管炎常发生于感冒之后，也可为肺炎的早期表现。宝宝一旦患了急性支气管炎，要多给他饮白开水，以利排痰，并经常为宝宝翻身、拍背，以促进痰液排出；以易消化且营养丰富的食物喂养宝宝，并保持居室内空气清新，提高宝宝自身的免疫力。

更多了解

急性支气管炎主要由细菌或病毒感染引起，发病初期先有感冒症状，如打喷嚏、流鼻涕、嗓子干、轻咳，以后病情逐渐加重，出现如下急性支气管炎症状。

❶ 发热，体温多在38.5摄氏度左右，2~4天即退。

❷ 咳嗽，先是干咳，咳嗽逐渐加重时可有痰，患儿呼吸时，气管发出“呼噜、呼噜”的痰鸣音。

❸ 胃肠道症状包括呕吐、腹泻等。

宝宝患急性支气管炎时，应及时就医并在医生的指导下用药。

宝宝患普通感冒需加强护理

育儿须知

普通感冒是一种可以自愈的疾病，宝宝患病期间需要细心护理和照料。

更多了解

普通感冒极轻者只以鼻部症状为主，如鼻塞、流鼻涕、打喷嚏等，也可有流泪、轻咳和咽部不适。检查时除咽部发红外，一般无其他症状，可在3～4天内自愈。病变比较广泛者可有发热、咽痛，婴幼儿可伴有呕吐。检查时咽部充血明显，扁桃体可有轻度肿胀。体温大多在3～5天恢复正常。

普通感冒的护理要点如下。

❶ 应注意让宝宝休息，保证水的摄入量，室内温度不宜过高。

❷ 吃奶的宝宝可将奶量稍减少，大些的宝宝给予流质或易消化的软食。

❸ 发热的宝宝可以在医生指导下服用退热药。

❹ 服退热药时应多喂宝宝一些白开水，以帮助退热。

❺ 咳嗽的宝宝可在医生指导下用一些止咳药，如复方甘草合剂、枇杷露糖浆、小儿止咳糖浆等。

❻ 普通感冒一般不用抗生素，可在医生指导下用小儿感冒冲剂、小儿感冒散、板蓝根冲剂等中成药，一般3～5天就可痊愈。

贴心叮咛

5岁以下的宝宝不能服用阿司匹林，因为阿司匹林中含有咖啡因，而婴幼儿神经系统发育不完善，容易诱发高热惊厥或出现精神症状。

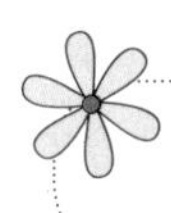

宝宝成功早教

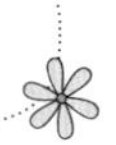

如何教宝宝坐起来

育儿须知

5~6个月的宝宝在清醒时，很喜欢拉着妈妈的手，从仰卧姿势慢慢地坐起来，但此时的宝宝坐得很不稳当，摇摇晃晃，宝宝却玩得很开心，妈妈应该顺势训练宝宝坐起来。

更多了解

宝宝学坐时，妈妈不要太着急，不要让宝宝坐得太久，宝宝的脊柱发育不完善，若坐得久了，宝宝的脊柱会出现侧弯。

宝宝5~6个月大，学习坐立时，妈妈可以在宝宝面前放一个玩具，让宝宝抓握，可以锻炼宝宝的前倾力量，这样也会有利于宝宝坐得更稳。

练习坐立时，妈妈可以一边双手拉着宝宝的手使宝宝坐起来，一边唱儿歌："拉大锯，扯大锯，姥姥家门口唱大戏，接闺女，看女婿，宝宝哭着也要去。"

贴心叮咛

宝宝学习坐着时，妈妈不要让宝宝练习跪坐，这样容易压迫下肢，影响宝宝腿部发育。

教宝宝与人打招呼

育儿须知

教宝宝与人打招呼是宝宝社会交际的开始，妈妈更早一点教宝宝练习，宝宝不仅能更早学会语言，也变得越来越有礼貌。

更多了解

妈妈要抓住宝宝喜欢与别人打招呼的时期，也就是宝宝开始认人时，妈妈可以在与人相遇时将宝宝的右手举起来，教宝宝说"你好"，让宝宝学习用手势打招呼。

妈妈带宝宝出去玩，遇到小区内熟悉的人时，妈妈首先打招呼，同时教宝宝打招呼说“你好”，伸出宝宝的小手挥一挥。

宝宝从小就养成与人打招呼的习惯，将来长大后会很容易适应社会，建立良好的人际关系。

贴心叮咛

妈妈陪宝宝聊天时，要尽量使用标准化语言，不要使用“儿语”陪宝宝聊天，如“宝宝吃饭饭了”“宝宝湿湿了”，妈妈应该说“宝宝吃饭了”“宝宝尿尿了”。

为什么宝宝将玩具反复扔到地上

育儿须知

宝宝会找东西的时候，很喜欢将玩具扔到地上，然后大声叫喊，让妈妈给宝宝捡起来，妈妈刚给宝宝捡起来递到宝宝手里，宝宝又扔到了地上，反反复复，宝宝看起来很高兴，妈妈却很生气。宝宝扔东西，并不是故意惹妈妈生气，而是宝宝身体发育的需要。宝宝手的发育还不成熟，还不会将手中拿的东西放下，宝宝最初是无意中将玩具扔掉的，这是正常现象。

更多了解

随着宝宝身心不断地发展，宝宝开始有意识地扔玩具，并注意玩具落地的瞬间以及妈妈的反应，这就是宝宝和妈妈扔玩具的游戏。有的妈妈看到宝宝不停地扔东西很生气，就对宝宝发脾气，宝宝很紧张，想扔又不敢扔，宝宝和妈妈玩的游戏就会停止，不利于亲子关系的建立。

宝宝6~7个月

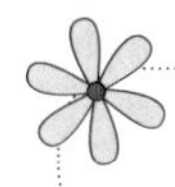

宝宝喂养

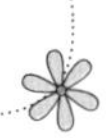

制作宝宝辅食要注意的问题

育儿须知

妈妈给宝宝制作辅食时，无论是粥、面条、菜、肉等都要精工细作，食物要以软、烂的流质食物为主。

更多了解

制作蔬菜时，妈妈可以将蔬菜切碎单炒或炒熟后放在菜板上切碎，给宝宝做的菜不要放味精和太多的盐。切菜的菜板和刀要清洗干净，切生食与切熟食的菜板要分开。

喂鱼肉时，无论清蒸鲈鱼还是红烧草鱼，一定要将鱼刺挑干净，弄成鱼肉泥喂宝宝。

喂肉时，妈妈一定要切碎，避免宝宝嚼不烂，难以吞咽。建议妈妈将猪肉做成肉丸子，味道鲜美，宝宝很喜欢吃。

贴心叮咛

很多妈妈为了省事，每天给宝宝做白水煮鸡蛋吃。鸡蛋很有营养，但妈妈每天单一的做法宝宝很快就不爱吃了，妈妈最好经常变换鸡蛋的做法，不要让宝宝吃腻了。

错误喂养辅食会引起宝宝厌食

育儿须知

早期妈妈给宝宝添加辅食时，若喂养不顺利，很有可能造成宝宝长大后不爱咀嚼，对吃饭没有兴趣，也就是人们常说的厌食。

更多了解

错误喂养辅食有以下几种情况。

过早添加辅食：宝宝的胃肠发育很不完善，过早添加辅食会导致宝宝长大后厌食。

不遵循辅食喂养原则：6~12个月期间，妈妈给宝宝添加辅食时，就一直给宝宝喂流质食物或泥状食物，认为宝宝太小，就一直没有给宝宝喂固体食物，可能造成宝宝厌食。6~12个月是宝宝咀嚼、吞咽发育的敏感期，妈妈一直不给宝宝喂固体食物，宝宝错过这个敏感期，咀嚼、吞咽功能没有及时发育，咀嚼肌得不到锻炼，长大后宝宝吃颗粒状的固体食物时，就会出现难以下咽的感觉。

贴心叮咛

有的宝宝还不接受勺子，不会张口舔食，妈妈可以多喂几次，坚持几天宝宝会了，辅食就可以正常添加了。

宝宝吃鱼好处多

育儿须知

鱼肉的营养十分丰富，有丰富的蛋白质、锌、硒以及维生素B_2，还含有不饱和脂肪酸，再加上鱼肉细嫩，很适合6个月以上宝宝的食用。

更多了解

妈妈可以给宝宝买新鲜的鳕鱼或鲈鱼，取50克，去刺，去鱼皮，切成条，少放点盐，加点料酒，滴两滴油，蒸12分钟左右，然后妈妈可以将其捣成泥，待放凉时喂宝宝。宝宝每顿吃的鱼应该现做现吃，不要放冰箱内保存后再给宝宝吃。

贴心叮咛

吃鱼肉可以增强宝宝的免疫力。

宝宝适当吃苹果好处多

育儿须知

宝宝6~7个月时可以喂点苹果汁，8个月喂苹果泥，还可以将苹果切成条，每天给宝宝一根，用来磨牙。

更多了解

吃苹果的好处如下。

❶ 苹果含有锌，锌是促进宝宝生长发育的重要元素，常吃苹果可以健脑，增强宝宝记忆力。

❷ 宝宝胃肠功能不完善，每天给宝宝吃半个苹果，可以促进消化，减少腹泻。

❸ 苹果和胡萝卜放在水中一起煮了给宝宝吃，可以使宝宝大便变得柔软，不干燥。

❹ 苹果中的镁，可以使皮肤红润有光泽、富有弹性。

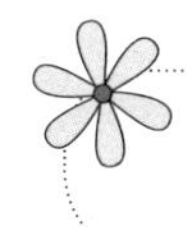

宝宝照护

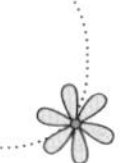

保护宝宝的牙齿

育儿须知

宝宝乳牙长出来后，如果不注意保护，很容易出现龋齿，这会影响宝宝未来的生长发育。

更多了解

保护乳牙的注意事项如下。

❶ 宝宝每次吃完奶后，妈妈可以喂几口温开水，冲掉残留在宝宝口腔内的食物残渣。

❷ 在宝宝会刷牙之前，妈妈可以用棉签蘸淡盐水，每天早晚帮宝宝清洗牙齿和牙槽。妈妈也可用干净的纱布包上手指蘸水清洗宝宝的牙齿和牙槽以及牙上的残留物。

❸ 妈妈在宝宝入睡前不要喂宝宝配方奶或母乳，因为这些乳汁中含有大量的糖类，会给附着在牙槽上的细菌提供营养，同时这些残渣也能被分解成酸性物质腐蚀牙釉质而形成龋齿。

贴心叮咛

母乳喂养的宝宝，妈妈不要为了夜里哄宝宝睡觉，让宝宝含着乳头睡，这样很容易导致宝宝长龋齿甚至窒息。

如何预防宝宝踢被子

育儿须知

宝宝被子盖得太厚或者睡觉前太兴奋，都会导致睡觉的时候喜欢踢被子。

更多了解

宝宝经常踢被子，妈妈首先应检查是否给宝宝穿得过多或盖得太厚。宝宝睡着以后额部、颈部出汗，宝宝很想踢开被子透透气，妈妈只要将宝宝被子盖得薄一些，衣服穿得少一些，宝宝感觉不热了，就很少踢被子。

另外，宝宝入睡前吃得过饱或玩得太兴奋，宝宝都会很难入睡，或入睡后睡得不安稳，导致踢被子。妈妈只要将室内的光线调暗，每天晚上不要让宝宝吃得太饱，入睡前30分钟保持安静就可以了。

贴心叮咛

妈妈担心宝宝着凉，宝宝夜间睡觉时，可以不要给宝宝脱光了睡，给宝宝穿长袖上衣睡，避免宝宝踢被子后着凉。

宝宝总打嗝是怎么回事

育儿须知

宝宝的体温易受外界环境的影响，天气冷时宝宝很容易着凉引起打嗝。

更多了解

如果宝宝因着凉而打嗝，可以先把宝宝竖起来靠在妈妈的肩膀上，妈妈用手轻拍宝

宝的后背，再喂一点温开水，给宝宝的小肚子盖个被子保暖。

如果宝宝打的嗝有酸臭气味，宝宝可能是消化不良，妈妈可以在给宝宝喂食时少喂一些，不要喂太多。也可以带宝宝去医院看看，遵医嘱喂一些辅助消化的药。

贴心叮咛

喂奶后若没有及时帮助宝宝排气，宝宝不仅会吐奶还会打嗝。

宝宝看电视要注意

育儿须知

宝宝对电视上的画面非常感兴趣，有时看到一些自己喜欢的画面时，还会伸出小手去抓，有的爸爸妈妈看着宝宝开心的样子，很想将电视当作宝宝的“高级保姆”，但又担心这样会对宝宝的眼睛带来影响。宝宝看电视能刺激视觉、听觉，并将信息储存在大脑中。但是宝宝看电视一定要养成好习惯，否则会给宝宝的身体带来伤害。

更多了解

宝宝看电视的注意事项如下。

❶ 宝宝看电视时，时间不要过长，最好在5~10分钟，时间过长会使宝宝的眼睛疲劳。

❷ 选择合适的距离，最好在2~3米，宝宝眼睛的调节能力太弱，近距离看电视容易导致宝宝近视。

❸ 宝宝看电视最好白天看，若晚上看，妈妈一定要打开室内灯，使房间足够亮，这样可以缓解眼部的疲劳，保护宝宝的眼睛。

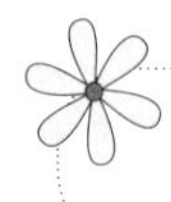

宝宝疾病

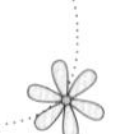

积极提高宝宝抗病能力

育儿须知

此时，宝宝体内来自母体的抗体水平逐渐下降，而宝宝自身合成抗体的能力又很差，因此，宝宝抗病能力逐渐下降，容易患各种感染性疾病，要积极采取措施增强宝宝的体质，提高其抗病能力。

更多了解

帮助宝宝提高抗病能力，主要应做好以下几点。

❶ 按时进行预防接种。

❷ 保证宝宝营养均衡，各种营养素如蛋白质、铁、维生素D等都是宝宝生长发育所必需的，而蛋白质更是合成各种抗病物质如抗体的原料，原料不足则抗病物质的合成就减少，宝宝对疾病的抵抗力就差。

❸ 保证宝宝充足的睡眠。

❹ 进行体格锻炼是增强体质的重要方法，可带宝宝做被动操以及其他形式的全身运动。

❺ 多带宝宝到户外活动，多晒太阳和多呼吸新鲜空气。

注意预防红斑

育儿须知

红斑主要是皮肤皱褶处的湿热刺激和互相摩擦所致，主要预防方法便是保持皮肤清洁、卫生、干燥，出汗时要尤其注意。

更多了解

红斑多见于肥胖宝宝，好发于颈部、腋窝、腹股沟、关节屈侧、股与阴囊的皱褶处。初起时，局部为一片充血性红斑，其范围多与互相摩擦的皮肤皱褶的面积相吻合。

病灶表面湿软，边缘比较明显，较四周皮肤肿胀。若再发展，表皮容易糜烂，出现浆液性或化脓性渗出物，亦可形成浅表溃疡。

预防红斑要保持皮肤皱褶处清洁、干燥。治疗红斑，可先用4%硼酸溶液冲洗，然后扑粉，并尽量将皱褶处分开，使局部不再摩擦。湿润时，可用4%硼酸溶液湿敷。糜烂时，除4%硼酸溶液湿敷外，可用含硼酸的氧化锌糊剂。有继发感染时，可在医生指导下进行治疗。

宝宝发生生理性腹泻的护理

育儿须知

宝宝发生生理性腹泻需要爸爸妈妈特别注意，其护理关键是加强臀部皮肤清洁和护理，补充流质以防脱水，继续进食预防营养不良，必要时及时就医。

更多了解

生理性腹泻主要有如下两方面的异常表现。

一是排便次数，轻者4～6次，重者达10次。

二是大便的性状，常为稀便、蛋花汤样便、水样便、黏液便或黏脓血便，并且常伴有呕吐、发热、烦躁不安、精神不安等症状。

一旦宝宝得了生理性腹泻，护理上的要点如下。

腹泻的宝宝首先应卧床休息，勤洗臀部，防止臀红，注意宝宝个人卫生和环境卫生，防止交叉感染。

腹泻的宝宝因大量丢失水分，须遵医嘱喝一些口服补液盐。如果宝宝喝后呕吐，可停10分钟后再喂服；如果宝宝出现眼睑水肿，就要停用口服补液盐，改用白开水，不要给宝宝喝饮料或糖水。这样既可以预防宝宝脱水，又可以纠正轻、中度脱水。

腹泻大多存在营养障碍问题，母乳喂养的宝宝腹泻后，还是要继续母乳喂养；人工喂养的宝宝，要合理调整饮食，6个月以上的宝宝，可喂食稠粥、面条，加些熟植物油、蔬菜、肉末、鱼末，但量要从少到多，适应一种食物后再加另一种。

贴心叮咛

宝宝腹泻时不要乱用抗生素，应在医生的指导下用药。如果经过以上治疗和护理后，宝宝腹泻次数增加，频繁呕吐，不能正常饮食，发热等，应送往医院诊治。

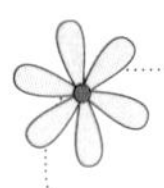

宝宝成功早教

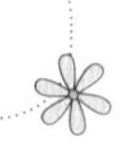

让宝宝快乐地玩撕纸游戏

育儿须知

宝宝撕纸是其探究外面世界的一种方式，宝宝想通过自己的小手撕纸，改变纸张的形状。宝宝撕纸初期，由于五指不够灵活，每次撕纸用力不同，撕的纸张有大有小，有长有短。

更多了解

宝宝每次将纸撕碎，心里会感觉很有趣，纸张能变小，还可以变得更小。撕呀撕，宝宝撕纸的手法越来越熟练，撕的纸张的形状就会越来越小。宝宝也可以把纸揉成团，再打开，撕两下，再揉成团，不知什么时候扔出去。纸团有轻有重，宝宝费很大的力气还是扔得很近，宝宝爬过来使劲地扔，会玩得很开心。

妈妈给宝宝撕的纸张，可以是印刷品。妈妈要注意了，一定要选择正规的出版物，避免纸张铅含量超标，在宝宝撕纸的过程中铅吸附在宝宝的手上，影响宝宝的身体健康。

贴心叮咛

宝宝再撕纸时，有的纸张撕不动，会拿过来用嘴吃，妈妈要注意宝宝的安全。

爬行让学走路更顺利

育儿须知

很多妈妈认为爬行会脏了宝宝的手和衣服，担心宝宝的手和衣服脏了会携带较多细菌，宝宝会生病，就不怎么愿意让宝宝学习爬行，或者就直接给宝宝买个学步车，让宝宝直接学走路，实际上，这种做法是不对的。

更多了解

“爬”是宝宝从仰卧到直立行走的过程中最关键的一个环节。

“爬”可以调节宝宝的全身肌肉、关节的运动，使宝宝身体姿势更加协调。

“爬”使宝宝活动的范围变大，促进了感知能力和智力的发育，宝宝的反应能力和协调能力会强一些。

没有经历爬行的宝宝直接站立行走，平衡能力会比较差。妈妈要多给宝宝练习爬行的机会，练习得越多，将来走得就越好。

贴心叮咛

妈妈不要因为生活环境因素，如房间小和安全问题而经常抱着宝宝，不让宝宝爬行。

训练宝宝爬行

育儿须知

6~7个月的宝宝已经知道了爬行的各种技巧，但爬的动作还不连贯，妈妈可以根据自家宝宝的发育特点，训练宝宝爬行，锻炼宝宝的平衡能力。

更多了解

宝宝最初的爬行姿势很不协调，有的会出现倒爬现象，妈妈可以用手轻轻推宝宝脚掌，告诉宝宝爬行是向前运动，妈妈也可以做一个示范动作，表达“爬”的含义。妈妈可以在宝宝面前放一些宝宝喜欢的玩具，逗引宝宝向前爬行。

如果宝宝爬行时腹部不离地，妈妈不要着急，可以先让宝宝练习爬行一段时间，妈妈再用浴巾提起宝宝的腹部，教宝宝学习用手和膝盖来练习爬行。随着宝宝的生长发育，宝宝就会腹部离地爬行了。

贴心叮咛

爬行训练促进大脑前庭与感觉系统的配合，使宝宝身体更灵活，有利于宝宝大脑的发育，锻炼小脑的平衡能力，增强了胸腹、腰背、四肢肌肉发育。

锻炼宝宝的触觉

育儿须知

锻炼宝宝的触觉对宝宝心理、性格的发展十分重要。妈妈不应该只关注宝宝的视觉、听觉的训练，而忽视了宝宝的触觉训练。

更多了解

对于自然分娩的宝宝，产道的挤压是一种特殊的触觉刺激。剖宫产的宝宝就没有经历这种刺激，妈妈更需要锻炼剖宫产宝宝的触觉。

对宝宝皮肤的抚触按摩可以刺激宝宝全身的触觉神经，进而使触觉更灵敏。

给宝宝柔软的玩具，如布娃娃、小熊等布艺玩具，宝宝可以拥抱布娃娃，使宝宝有亲近的感觉。

贴心叮咛

剖宫产的宝宝若触觉锻炼得少，可能变得情绪不稳定、爱哭，害怕人多的地方、黏人、固执。若宝宝嘴巴部位触觉过度敏感就会有爱吃手、咬人、厌食等问题。

宝宝“三不翻六不坐”有问题吗

育儿须知

俗话说“三翻六坐”是对宝宝正常的生长发育状况的描述，但是生活中有一些宝宝偏偏三不翻六不坐，让妈妈们很着急。“三翻六坐”的说法是有一定的科学依据，但也并不适用于所有宝宝。

更多了解

一般来说，3~4个月宝宝的神经系统发育正常情况下，宝宝应该会自己翻身，6个月宝宝的脊柱可以将头撑得很直，所以宝宝可以自己坐着。

有的宝宝的发育没有在这个时间内达标，有的是因为一些条件限制，有的可能是一些疾病所致。冬天室内温度低，宝宝穿得比较多导致宝宝身体活动受限，5个月时才会翻身，8个月才会坐，这种情况也是正常的，妈妈不要太着急。若宝宝4个月后，俯卧时头还不能抬起，6~7个月时还不会侧翻身，这说明宝宝的神经系统发育可能有问题，要及时就医。

宝宝总依恋妈妈怎么办

育儿须知

依恋是宝宝和妈妈之间的一种情感的联结，宝宝与妈妈之间逐渐形成一种强烈、持久而密切的感情联系，具体表现就是宝宝特别黏着妈妈，妈妈不在身边时，宝宝会出现

焦虑不安，称为依恋。

更多了解

宝宝在6~7个月时，陌生人摸宝宝，宝宝就会大哭，妈妈抱宝宝，宝宝就会立刻停止哭泣。宝宝听到妈妈的声音，就会笑，妈妈离开，宝宝就会哭。宝宝这些行为就是宝宝对妈妈的依恋行为。

宝宝对妈妈产生依恋之后，妈妈应该重视，因为良好的依恋关系直接影响宝宝未来的性格，宝宝对妈妈产生强烈的依恋之后，妈妈可以带宝宝慢慢地扩大宝宝依恋的圈子，这有利于宝宝将来学习和处理好人际关系。

贴心叮咛

宝宝若胆子比较小，妈妈可以在家里先鼓励宝宝向客人问好，但不要逼迫宝宝，妈妈也不要着急，宝宝对妈妈过于强烈的依恋会随年龄的增加而慢慢减轻。

良好的环境造就乖宝宝

育儿须知

宝宝的智力除了受遗传因素影响外，还要受外界环境的影响。良好的生活环境可以促进宝宝智力发育，糟糕的环境会影响宝宝的身心健康。

更多了解

良好的环境可以通过如下方式营造。

❶ 宝宝的房间要整洁，室内可以挂多种多样的玩具，墙壁上贴多种颜色的彩色卡片，妈妈经常告诉宝宝这是什么颜色的卡片或什么形状的卡片，可以刺激宝宝的视觉和听觉。

❷ 每天带宝宝去呼吸新鲜的空气，晒足够的阳光，可以避免宝宝因缺氧而产生脑部损伤，宝宝多晒太阳可以促进钙的吸收。

❸ 宝宝睡觉时，房间光线要暗，这有利于宝宝睡眠，若光线较强，会影响宝宝的生长发育。

❹ 妈妈要让宝宝养成良好的作息习惯，这样，宝宝不仅爱吃饭，睡眠质量也好，保证了宝宝的大脑正常发育。

贴心叮咛

宝宝一直生活在良好的环境中，有利于培养宝宝的社交能力，有利于宝宝长大后建立良好的人际关系。

宝宝7~8个月

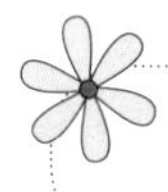

宝宝喂养

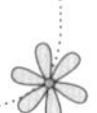

不宜给宝宝添加的辅食

育儿须知

7~8个月的宝宝的消化功能还不完善，妈妈在给宝宝添加辅食时，一定要注意，蛋清、豆类等食物不宜给宝宝添加。

更多了解

蛋清：鸡蛋清中蛋白质分子较小，很容易通过肠壁直接进入宝宝的血液中，宝宝很容易出现过敏反应，如皮疹、湿疹。建议 1 岁以内的宝宝不吃蛋清。

豆类：豆类食品中含有皂苷、蛋白酶抑制剂等抗营养的因子，可以抑制宝宝的生长发育。若豆类食品没有煮熟，宝宝还会出现过敏或中毒反应。

不能吃的一些水果：芒果、菠萝容易引起过敏反应，妈妈不要给宝宝吃。过敏不仅会导致宝宝嘴边红肿、腹泻，有的还会引起哮喘。带绒毛的水果，如水蜜桃、猕猴桃中含有宝宝不能消化的物质，会增加宝宝胃的负担。

不能多吃的蔬菜：妈妈不要给宝宝喂菠菜、韭菜、苋菜这类蔬菜，这类蔬菜中草酸的含量较高，容易和宝宝体内的钙结合，生成草酸钙，影响钙的吸收，导致宝宝钙流失。

患贫血的妈妈母乳喂养或者给宝宝食用非婴幼儿配方的奶粉及辅助食品（比如只给宝宝喝粥）可导致缺铁性贫血。

贴心叮咛

妈妈应当及时为宝宝添加婴幼儿配方奶，添加蛋黄、鸡肉、鱼肉等含铁丰富且吸收好的动物性食物。

多给宝宝吃含铁的食物

育儿须知

宝宝出生后4个月左右，胎儿期储存的铁已基本用完了，仅依靠母乳喂养或配方奶喂养不能满足宝宝每天的需要，而每天宝宝需要10 毫克左右的铁。

更多了解

宝宝长期缺铁，容易患上缺铁性贫血，给宝宝添加辅食以后就要优先添加富含铁的食物，蛋黄就是其中之一。

动物食品中肝、血等食物铁含量较高，易于宝宝吸收，其次是瘦肉、蛋黄、鱼子、虾等食物；植物性食物中以黑木耳、海苔、紫菜、海带、黄豆、黑豆、豆腐等铁含量高。

妈妈还可以给宝宝多吃水果泥等含维生素多的食品，有利于铁的吸收。

贴心叮咛

如不能按时给宝宝添加辅食，可采用经卫生部门认可的铁强化食品。定期检查血红蛋白水平，宝宝出生6个月和9个月时须各检查一次。

教宝宝自己拿勺子吃饭

育儿须知

妈妈可以准备两把适合的小勺，宝宝一把，妈妈一把，由妈妈教宝宝自己学着拿勺子。

更多了解

妈妈每次喂宝宝吃饭时，妈妈拿一把勺子喂宝宝吃饭，宝宝自己拿勺子练习盛东西，初期宝宝不知道勺子的正反面，有的宝宝会用勺子背面盛东西，妈妈可以告诉宝宝应该用凹面盛东西。

妈妈给宝宝买勺子时，要选择相对软一些、无毒的塑料勺子，先不要给宝宝使用不锈钢的勺子，避免宝宝突然咬勺子而伤及牙槽或牙齿。

每次妈妈给宝宝使用勺子或吃饭前，要将宝宝的手洗干净，避免宝宝抓食物吃时因手不干净而引起腹泻。

贴心叮咛

宝宝使用勺子吃饭时，会把桌子弄得乱七八糟，妈妈不要指责宝宝。

适合宝宝长牙期吃的食物

育儿须知

宝宝的生长发育特别快，再加上长牙这段时间宝宝需要大量的钙，妈妈要给宝宝补充一些含钙高的食物。

更多了解

奶制品：牛奶、配方奶、酸奶等。

蔬菜类：小白菜、油菜、芹菜、胡萝卜、香菜等含钙比较多。

菌菇类：黑木耳、香菇等。

水果类：柠檬、苹果、黑枣（去核）、山楂（去核煮熟）等。

贴心叮咛

豆类、各种坚果、海产品都是高致敏性食物，1岁以前的宝宝最好不要尝试。

宝宝照护

宝宝睡觉开灯好吗

育儿须知

有的妈妈喜欢把房间的灯开一晚上，认为这样给宝宝换尿布方便，而且宝宝晚上睡觉也不害怕。其实，妈妈这样做对宝宝未来的健康成长十分有害，对于宝宝来说，最好不要开灯睡觉。

更多了解

开灯睡觉的危害如下。

❶ 任何人工光源，哪怕光线十分微弱，都会对宝宝的视力产生一些光压，若光压长期存在，会使宝宝晚上睡眠不安、哭闹增多、睡眠质量下降，不利于宝宝生长发育。

❷ 宝宝晚上在灯光下睡觉，会影响眼的功能，导致宝宝每次睡眠的时间缩短，深度睡眠会向浅度睡眠转变。

❸ 宝宝睡眠时关灯，能使眼球和眼部肌肉得到充分休息。宝宝长时间开灯睡觉，眼球和眼部肌肉得不到充分休息，影响宝宝的视力发育。

贴心叮咛

宝宝怕黑时，妈妈可以开一个小灯，光源不要对着宝宝，哄宝宝入睡后，再关掉即可。

宝宝头发少也要勤梳洗

育儿须知

宝宝新陈代谢比较旺盛，头皮的皮脂分泌比较多，若不经常给宝宝洗头，容易引起头皮发痒、皮脂堆积于头皮形成垢痂，这样容易使宝宝的头发脱落。宝宝头皮干净，更有利于头发生长。

经常给宝宝梳头，不仅使宝宝看起来整洁，还可以刺激宝宝头皮，促进头皮血液循环，有利于宝宝头发生长。

更多了解

宝宝洗头、梳头注意事项如下。

❶ 洗头发的水温最好在37～40摄氏度。

❷ 选择婴儿洗发水，不要使用成人洗发水，成人洗发水可能碱性过强，会使头发更黄，不利于宝宝头发生长。

❸ 妈妈不要用手指甲抠宝宝的头痂，可以用植物油浸湿5～6小时后，再用温开水洗掉。

❹ 夏天1～2天应给宝宝洗1次头，冬天3天洗1次头。

❺ 要使用软塑料梳子，梳齿要圆润，梳子齿距要宽。

❻ 要顺着头发生长方向梳。

贴心叮咛

若想宝宝的头发长得好，妈妈应该按时按量给宝宝添加各种蛋白质、维生素、矿物质食物，这样宝宝的头发才能获得充足的营养，生长得更好。

宝宝使用蚊帐防蚊虫最好

育儿须知

宝宝被蚊虫叮咬后极易受蚊虫带来的病原菌侵袭。为了避免宝宝受到蚊虫叮咬，一方面要保持环境的清洁卫生，另一方面要采取合适的方法来防蚊虫。

更多了解

宝宝的房间最好采用蚊帐来防蚊虫，而不适宜用蚊香和杀虫剂。

蚊香的主要成分通常是除虫菊酯类，其毒性较小。但也有一些蚊香选用了有机氯农药、有机磷农药、氨基甲酸酯类农药等，这类蚊香虽然加大了驱蚊作用，但它的毒性相应就大得多了。

宝宝房间禁止喷洒杀虫剂。宝宝如吸入过量杀虫剂，会发生急性溶血反应、器官缺氧，严重者会导致脏器受损、心力衰竭或转为再生障碍性贫血。

贴心叮咛

现在用电蚊香来防蚊虫也很普遍，它的毒性相对较小，对一般成人来说是无害的。但对宝宝来说还是尽量不用为好。

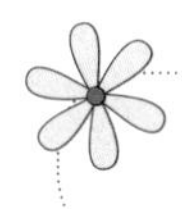

宝宝疾病

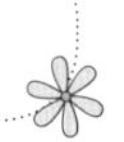

关注幼儿急疹

育儿须知

幼儿急疹是婴幼儿的一种常见病，一年四季均可发生，它的特点是热退疹出，皮疹多不规则，为红色小斑点，有的融合成一片，压之消退。幼儿急疹发病的特点是宝宝突然高热，退热后全身会出现红色斑点样皮疹。

更多了解

幼儿急疹的主要症状如下。

❶ 发病初期体温可在38～39摄氏度，宝宝的精神状态良好，食欲正常，没有咳嗽、流鼻涕，大便不稀，吃药退热后5个小时左右还会发热，且持续高热，发热时能摸到颈部淋巴结如黄豆粒大小。

❷ 第3天宝宝体温持续在39～40摄氏度，3～4天宝宝体温可下降，宝宝的胸部、背部会出现红色的斑疹，晚上会波及脖子、脸部和手脚。

❸ 宝宝退热后，疹子会在24小时内出完，经2～3天疹子退去，没有色素沉着，没有皮屑。

幼儿急疹的护理注意事项如下。

❶ 让宝宝多休息，室内空气要新鲜，妈妈不要给宝宝穿得太多，裹得太厚，这样不利于宝宝散热。

❷ 妈妈多喂宝宝一些温开水、蔬菜汁或果汁，有利于宝宝排汗或排尿。

❸ 宝宝发热在38.5摄氏度以下时，妈妈要给宝宝物理降温，用温毛巾擦宝宝颈部、腋下、手心或脚心，避免高热惊厥，同时也可以给宝宝头部使用退热贴或冰袋，但注意不要让宝宝着凉。宝宝体温在38.5摄氏度以上时，妈妈要带宝宝就医，并在医生指导下用药。

❹ 让宝宝多吃些流质或半流质食物。

贴心叮咛

幼儿急疹没有什么特效药，宝宝使用抗生素无效，一生出现两次极为罕见。

宝宝指甲上有白斑怎么办

育儿须知

健康宝宝的指甲呈淡红色，有弹性，有光泽，不容易折断，有一定的硬度，无白色的斑点。如果宝宝指甲上出现白点或絮状白斑，就是医学上的“点状白斑”，可能是由疾病引起，也可能是因为缺乏某些元素。

更多了解

由疾病引起：可能由胃肠疾病、贫血或寄生虫病等疾病引起，但对于婴儿期的宝宝来说十分罕见。

由元素缺乏引起：可能由缺钙、锌等引起，妈妈可以带宝宝去医院做身体元素检查。若宝宝缺钙或是缺锌，妈妈可以按医嘱给宝宝补充相应元素。

外力或其他原因：当指甲受到外力刺激或指甲抓握不当时，指甲在生长的过程中受到损伤，会出现白点和细纹，随着指甲的向外生长，有白斑的指甲3个月左右会被剪掉。

宝宝的指甲有点白斑，但没有任何松动迹象，宝宝也没有其他不正常现象，身体元素检查正常时，妈妈不要太着急。如果是母乳喂养，妈妈可以在饮食上多调理，多吃一些含钙和含锌的食品，如牛奶、豆腐、虾皮、南瓜子等食物。如果是配方奶喂养，妈妈可以给宝宝添加豆腐、鸡肉、鱼、核桃仁、南瓜子等辅食，但在添加南瓜子和核桃仁时要将其弄碎，避免卡着宝宝。

脚趾甲往皮肤里长怎么办

育儿须知

宝宝蹋趾的趾甲的两侧往肉里长，两侧的皮肤变红，宝宝经常用脚蹬床、哭闹，这可能是嵌甲。嵌甲一般与趾甲修剪不当有关，穿鞋子过大或过小也会影响到脚趾甲生长。若嵌甲处理不当，会影响宝宝学走路。

更多了解

解决嵌甲的办法如下。

❶ 妈妈可以将嵌甲的部位抬起一点，往里面塞一点棉花，每天更换一次。

❷ 妈妈每天给宝宝用温水把脚清洗干净，避免甲缝藏污纳垢，不要用硬东西挑出污垢，以免造成感染。

❸ 妈妈给宝宝剪趾甲时，不要太短，也就是不要让脚趾甲短于趾头。

❹ 妈妈将脚趾甲修剪成平直的样子，而不是两边剪得很秃。

❺ 鞋和袜子选择略大一点的，不要太小或过大。

贴心叮咛

妈妈要看住宝宝，不要让宝宝自己用手去抠趾甲，或撕趾甲上的肉刺，避免拉伤皮肤。宝宝趾甲上有肉刺时，妈妈可以用指甲刀齐根剪断。

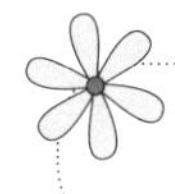

宝宝成功早教

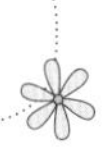

语言理解阶段对宝宝很重要

育儿须知

7个月的宝宝正处在语言理解阶段，妈妈说出物品名，宝宝会用手指指了。妈妈要给宝宝营造适合学说话的语言环境，只要有空闲时间，就应该陪宝宝多说话，不断地与宝宝交流。宝宝大脑中储存大量的语言信息，宝宝就会说话早一些。

更多了解

宝宝学说话的3个阶段。

语言感知阶段（0～6个月）：也就是宝宝听大人说话，自发地发出声音，如“咿呀咿呀”声。

语言理解阶段（7～11个月）：宝宝在正常的语言环境中开始学习理解妈妈的生活用语，妈妈叫宝宝的乳名时，宝宝会有反应；宝宝能理解“不”的意思，会无意识地发出“不”的声音。

口语的表达阶段（12～24个月）：宝宝会主动发音表达，模仿妈妈的语调，主动用语言表达自己的需求。

不要阻止宝宝的重复动作

育儿须知

宝宝在生长发育的过程中，会不断地重复动作，有的妈妈看了很着急，会疑惑宝宝这是怎么了。

更多了解

7~8个月的宝宝喜欢用手重复一个动作，这是宝宝在思考的表现，妈妈不用担心。

宝宝喜欢用手与周围的物体反复接触，做同一个动作，一方面可以锻炼宝宝手指的灵活性，另一方面，宝宝的兴趣逐渐从自身的动作上转移到动作对象上。宝宝喜欢做同一个动作，例如，宝宝用手将一块积木摆到另一块积木上，宝宝会不断地拿起来，再摆上，如此反复，玩得十分高兴。其实这很正常，宝宝开始注意到两个积木之间的关系，并对此有了很大的兴趣。

看到宝宝经常重复一个动作，妈妈不要阻止，可以给宝宝一些安全的、适合宝宝手部发育的玩具，这样可以更好地刺激宝宝手部功能的发育。

增强宝宝的听觉刺激

育儿须知

在宝宝的日常生活中，宝宝感受到的听觉刺激无处不在，只要宝宝清醒，就可以训练宝宝的听力。

更多了解

训练宝宝听力的方法如下。

❶ 妈妈可以带宝宝出去听听各种鸟叫声，并告诉宝宝这是麻雀的声音、喜鹊的声音或是鹦鹉的声音。

❷ 妈妈可以给宝宝做拍手的示范，拍几下后停下来或者一直连续拍手后忽然停止，看宝宝的反应，并告诉宝宝这是拍手。

❸ 妈妈可以放不同的音频，告诉宝宝这是什么名字的儿歌或是什么曲子，一方面可以培养宝宝对音乐的欣赏能力，另一方面可以锻炼宝宝的听力。

❹ 妈妈也可以自制简单的乐器，比如妈妈准备一个不锈钢盆和一个钢勺、一个塑料勺，分别用不同的勺子敲盆，让宝宝听声音，告诉宝宝哪个声音大，哪个声音小。

❺ 妈妈也可以将家里的自来水龙头打开，放一会儿，告诉宝宝这是流水的声音，每周给宝宝听几次即可。

宝宝怕生怎么办

育儿须知

以前见到陌生人时，宝宝还会微笑，现在宝宝见到陌生人时，可能反而到处躲，宝宝这是怕生，怕生是宝宝心理发育的一种正常表现。

更多了解

宝宝怕生是指见到不熟悉的人会恐惧不安，陌生人靠近或想抱宝宝时，宝宝会抱紧妈妈。妈妈看到宝宝怕生，应该多鼓励、多关心宝宝，让宝宝从怕生的心理中走出来。

家里来了客人，妈妈先不要带宝宝打招呼，可以将宝宝抱在怀里，先让宝宝观察和熟悉客人，待宝宝的恐惧消退了，宝宝就会高兴地与客人交往。

宝宝怕生阶段，也是宝宝最依恋妈妈的阶段，妈妈可以多陪陪宝宝，让宝宝有更多的安全感，慢慢对环境有信任感，让宝宝见到陌生人能够偶尔露出微笑，而不是躲起来或哭闹。

让宝宝多接触一些熟人再到陌生人，让陌生人和宝宝玩，时间久了，宝宝就会露出微笑，宝宝以后再和陌生人接触，就会很快适应。

宝宝开始与邻居接触时，妈妈不要离开宝宝，这时的宝宝是很恐惧的，希望妈妈留下来多陪陪宝宝，妈妈可以先打招呼，然后将邻居介绍给宝宝，不管宝宝多么怕生，妈

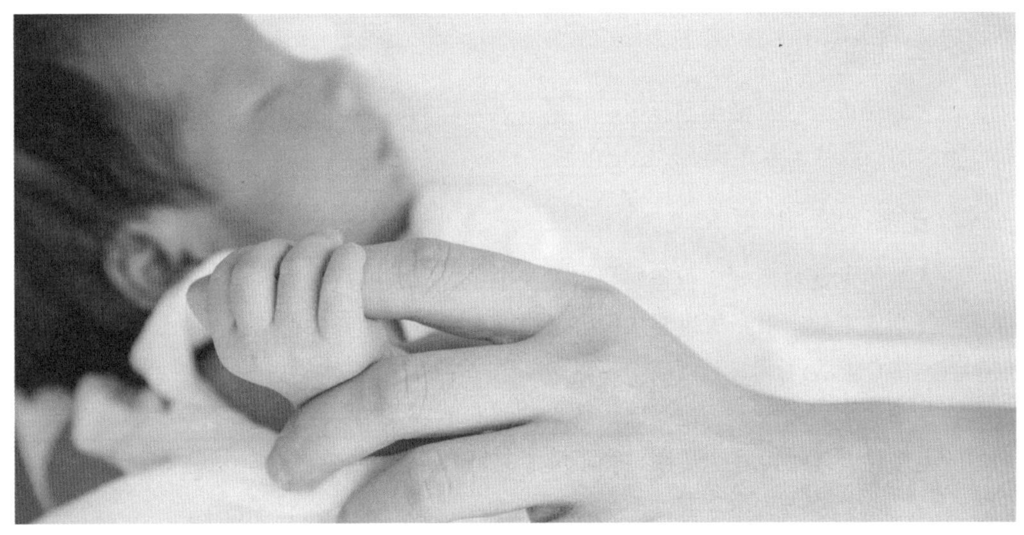

妈都要带着宝宝轻松地面对，这样很快会帮宝宝消除顾虑。

贴心叮咛

宝宝不喜欢陌生人摸自己时，妈妈应使宝宝与陌生人保持一定的距离，待到宝宝与陌生人熟悉之后，妈妈才能让他们摸摸宝宝或是抱抱宝宝，千万不能很突然地将宝宝交给陌生人抱，避免宝宝更害怕。

告诉宝宝，你真棒

育儿须知

妈妈每天要观察宝宝。宝宝做对了，妈妈就要表扬宝宝，并告诉宝宝："你真棒。"宝宝做错了，妈妈要告诉宝宝这样做是错误的，妈妈不喜欢或宝宝不能做。

更多了解

妈妈在宝宝每完成一次180度翻身时，都要鼓励宝宝，面带微笑地告诉宝宝："你真棒。"鼓励宝宝每天做5次180度翻身动作，每次宝宝做完后，妈妈要亲宝宝一下。

妈妈可以在训练宝宝俯卧抬头时，在宝宝前面不远处放一个宝宝感兴趣的玩具以吸引宝宝伸手去抓，宝宝每用手抓到一次，妈妈就亲宝宝一下。妈妈还可以将玩具和宝宝距离拉远一些，锻炼宝宝向前伸手抓的本领，为宝宝后期爬行做准备。

给宝宝讲故事的技巧

育儿须知

几乎每个成年人都能记起孩提时代最令人难忘的故事，所以形象生动活泼的故事可提高宝宝的兴致，宝宝喜欢听，也记得住。

更多了解

首先故事的题材要好。爸爸妈妈事先应准备好要讲的故事，一定不要现编现讲。可以选购几本宝宝故事书，故事要求内容健康向上，具有趣味性，语言生动形象，贴近宝宝生活，富有生活哲理。

讲故事可以随时随地，但每次讲故事的时间不要太长。尽量不要讲一些容易使宝宝害怕的鬼怪故事，尤其是在宝宝入睡前不要讲惊险、刺激的故事。

宝宝8~9个月

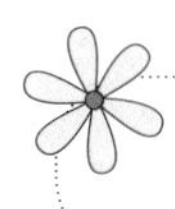

宝宝喂养

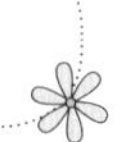

宝宝挑食怎么办

育儿须知

如果宝宝出现不喜欢某一种食物的挑食现象，这是正常的，有时候妈妈需要15~20次的尝试，才能让宝宝接受一种食物。

更多了解

当宝宝出现挑食的现象时，妈妈要让宝宝有选择的自由。与大人一样，宝宝选择食物也有好恶之分，可以允许宝宝有一定的选择权。为了尽量让宝宝不挑食，可以注意以下几点。

❶ 营造温馨的用餐气氛。

❷ 进餐时有轻松的交流。如果宝宝对某一食物挑食，妈妈可以采用建议的口吻或说话技巧，如问宝宝“先吃这个（宝宝不是很喜欢的），后吃那个（宝宝特别喜欢的）好吗？”“就吃两口或三口怎么样？”“这个和那个拌着吃更好吃，我们一起尝尝好不好？”

贴心叮咛

如果宝宝因身体的原因出现食欲和胃口的变化，妈妈千万不要在宝宝面前表现出过分担心和着急，应细心观察，调整宝宝的饮食，过了这一阶段宝宝自然会好的。

有利于宝宝大脑发育的食物

育儿须知

健脑食物，就是满足大脑发育的营养需要，促进宝宝大脑发育的食物。宝宝经常吃健脑食物，其大脑发育会更快，宝宝会更聪明。

更多了解

健脑食物包括以下这些。

❶ 母乳：母乳是宝宝最理想的健脑食物，母乳中有很多大脑必需的不饱和脂肪酸，易于被宝宝消化和吸收。

❷ 鱼类：鱼油中含有二十二碳六烯酸（即DHA，人们常说的“脑黄金”），所以宝宝多吃鱼好处多。

❸ 水果：水果中有人体大脑发育必需的维生素C和微量元素，例如锌是增强宝宝记忆力的必需微量元素。

❹ 动物的内脏、瘦肉：内脏、瘦肉中有丰富的蛋白质，以及人体大脑必需的脂肪酸、卵磷脂。

❺ 粗粮和蔬菜：粗粮和蔬菜中含有大脑发育必需的维生素A和B族维生素。

贴心叮咛

膨化食品，如虾条；含铅食品，如老式爆米花机制作的爆米花或松花蛋；使用明矾做的油条；食品添加剂过多的食品；腌制的咸菜等食品，都不利于宝宝的大脑发育，妈妈尽量不要给宝宝吃。

宝宝照护

训练宝宝大小便

育儿须知

宝宝比较小时，妈妈可以通过定位、反复练习的方法，让宝宝形成排便反射，培养宝宝自己大小便的好习惯。

更多了解

妈妈若看到宝宝使劲、面红、满头出汗或是发呆时，说明宝宝可能是想排便，妈妈可以让宝宝坐便盆排便，宝宝便完后，妈妈可以给宝宝洗洗手。

妈妈在训练宝宝排便反射时，应该让宝宝在固定的地方坐便盆排便，使宝宝养成在

固定地点排便的意识，而不是随便就拉了。

通过反复的学习和训练，宝宝很快能养成排便的好习惯，妈妈可以在宝宝每次排便时，告诉宝宝："宝宝会自己坐马桶排便了，真棒！"

贴心叮咛

有的宝宝不愿意坐便盆，妈妈可以将便盆的周围挂些好玩的玩具，吸引宝宝坐便盆。宝宝排便完就让宝宝离开，下次再排便时才坐。

宝宝不喜欢剪头发怎么办

育儿须知

宝宝不喜欢剪头发是很正常的事，妈妈应该站在宝宝的角度上去理解，因为宝宝对婴儿理发器发出的声音会害怕，理发器接触宝宝的头发时，宝宝会有紧张、恐惧的心理，所以宝宝不喜欢剪头发。

更多了解

宝宝不喜欢在理发店理发可能是因为宝宝对这个环境很陌生，并且人多又嘈杂，宝宝会有不安全感，表现得十分紧张，也会哭闹不停。

妈妈可以带宝宝去理发店门口多转转，熟悉理发店的环境，消除陌生感。

妈妈也可以在宝宝理发时，给宝宝手里放一个玩具让宝宝玩，分散宝宝的注意力。

贴心叮咛

给宝宝剪头发要选择经常给宝宝剪发的、有耐心的理发师，让其动作轻柔，缩短理发时间。

家里可以养小宠物吗

育儿须知

此时的宝宝太小，对自然界的花花草草、小动物们都充满了好奇，妈妈不要看宝宝喜欢就将小宠物买回家，应结合动物的特性和居住环境综合考虑。

更多了解

小鸡、小鸭：若家里照顾宝宝的人比较多，房子有露天的阳光室或有自家的小院子，在不污染宝宝居住环境的情况下，妈妈可以考虑给宝宝买一只小鸡或小鸭，平时让宝宝看看小鸡或小鸭。若妈妈照顾宝宝都够忙了，小鸡或小鸭又会污染宝宝的居住环境，就不要买。

小猫、小狗：宝宝太小，妈妈最好不要养这类小动物，因为这类小动物如果训练不好有很强的攻击性，容易伤到宝宝。

鹦鹉：家里最好不要养鹦鹉，鹦鹉叫很容易吓哭宝宝。

贴心叮咛

妈妈可以给宝宝买几条金鱼，干净又好打理，宝宝平时可以看金鱼游来游去。

宝宝疾病

宝宝打鼾并非睡得香

育儿须知

宝宝在正常的情况下，睡觉是安静且呼吸均匀的。如果宝宝睡觉打鼾，这是宝宝睡得不舒服的信号或是某种疾病的信号。

更多了解

宝宝若出现轻微的打鼾，妈妈首先要看看宝宝的睡眠姿势是否合适，枕头有没有按平，是不是偏高，妈妈可能只要调整好宝宝的睡眠姿势和枕头高度，宝宝就没有鼾声了。

宝宝感冒时，会流鼻涕，鼻涕堵塞鼻腔，导致宝宝睡觉时打鼾，同时鼻腔黏膜充血、水肿也会导致宝宝睡觉时打鼾，宝宝感冒好了之后，就不打鼾了。

若宝宝并未感冒，妈妈又经常听到宝宝晚上打鼾，通过调整宝宝的睡姿或枕头也不见效，妈妈应该带宝宝去医院的耳鼻喉科做检查。

贴心叮咛

宝宝睡觉长期打鼾、张口呼吸，并有不同程度的呼吸暂停或呼吸不畅，伴有夜惊或易怒，这可能是医学上的睡眠呼吸暂停综合征，这会影响宝宝的生长发育，一定要引起重视。

宝宝流鼻涕不一定是感冒

育儿须知

宝宝流鼻涕有很多原因，有的妈妈认为宝宝流鼻涕就是感冒，轻易给宝宝吃药是不科学的。

更多了解

如果宝宝只是流清鼻涕，没有发热或其他不适，鼻塞程度不重，不影响宝宝的吃饭和睡眠，这是冷空气刺激鼻腔引起的，妈妈不用做什么特殊的处理，只要让宝宝到温度适宜的环境中，宝宝很快就会停止流鼻涕。妈妈要注意及时给宝宝擦鼻涕，避免宝宝吃掉。白天多喂宝宝喝些温开水。

若宝宝流鼻涕比较多，没有发热或其他不适，有鼻塞，白天不影响宝宝吃饭，晚上影响宝宝睡眠，妈妈可以用毛巾蘸50摄氏度左右的温水，拧干后，将毛巾叠三层热敷宝宝鼻梁，每次1～2分钟，热敷几次后，宝宝的鼻垢就会随鼻涕流出来，妈妈用婴儿棉签将其弄出来即可。白天多喂宝宝喝些温开水。

若宝宝鼻涕中带有血丝，可能是因为室内或室外空气干燥，或者宝宝的鼻子受到外力的挤压而造成的鼻出血，妈妈不用太着急，多给宝宝喝些水，宝宝慢慢就会自愈。

贴心叮咛

宝宝流鼻涕有很多原因，若没有其他症状，妈妈观察宝宝一周左右是否能自愈。若宝宝流鼻涕时间较长，妈妈应该带宝宝去医院的耳鼻喉科就诊。

预防宝宝脑震荡

育儿须知

宝宝脑震荡不单单是碰了头部才会引起，有很多是由家人的习惯性动作在无意中造成的。

更多了解

有的爸爸妈妈为了让宝宝快点入睡，就用力摇晃摇篮，推拉宝宝车；为了让宝宝高兴，把宝宝抛得高高的；带宝宝外出，让宝宝躺在过于颠簸的车里等。这些一般不太引人注意的习惯做法，往往会使宝宝头部受到一定程度的震动，严重者可引起脑震荡，留下永久性的后遗症。

宝宝经受不了这些在大人看来很轻微的震动。因为宝宝几个月大时，各部位的器官都很纤小柔嫩，尤其是头部相对大而重，颈部肌肉软弱无力，遇到震动自身反射性保护机能差，很容易造成脑震荡。

平时，爸爸妈妈一定要多注意保护宝宝的头部，避免出现不必要的头部碰撞。

宝宝成功早教

哪些宝宝容易感觉统合失调

育儿须知

感觉统合是指宝宝的感觉器官，包括眼、耳、手、口等器官，有效地将外面的信息输入大脑组合起来，通过大脑统合作用，准确地对身体的感觉做出适当的反应的过程。感觉统合失调的宝宝在学走路时容易出现不稳状态，容易跌倒。

更多了解

易出现感觉统合失调的宝宝有以下几种情况。

❶ 剖宫产的宝宝在出生时，皮肤没有经过产道的挤压，容易出现感觉统合失调。

❷ 人工喂养的宝宝长期用奶瓶喝奶，而不及时添加固体食物，容易出现感觉统合失调。

❸ 不会连续翻滚的宝宝容易出现感觉统合失调。

❹ 如只用学步车而不让宝宝爬行，宝宝容易出现感觉统合失调。

怎么应对宝宝耍“小脾气”

育儿须知

宝宝的某些需要没有得到满足时，就会发脾气，经常以哭闹的方式表达。

更多了解

妈妈可以用如下方式应对宝宝发脾气。

❶ 妈妈在宝宝发脾气时，要保持冷静，先让宝宝自己哭一会儿，或者让宝宝自己一个人待一会儿，等宝宝平静下来，妈妈再过来陪宝宝，再对宝宝这样的行为进行教育，告诉宝宝这样做会伤妈妈的心，妈妈希望宝宝以后不要这么做。

❷ 宝宝发脾气时，妈妈不要不高兴，或者也对宝宝发脾气，这样会使宝宝的脾气越来越坏，有时宝宝也会产生抵触心理。

❸ 妈妈看到宝宝发脾气时，不要马上去哄，或是百依百顺地满足宝宝的要求，这样会助长宝宝的脾气，宝宝发脾气会越来越重，次数会越来越多，因为宝宝会认为通过发脾气的方式能达到目的。

❹ 宝宝无缘无故地发脾气，妈妈最好的解决办法就是让宝宝一个人留在房间里。

宝宝尖声叫喊，妈妈要了解

育儿须知

宝宝的尖声叫喊是语言学习过程中传递语言信息的一种表达方式，为将来的语言表达做准备。

更多了解

关于宝宝叫喊，妈妈要了解以下几点。

❶ 宝宝发出尖叫声是在练习自己的发声系统。

❷ 宝宝有时大声尖叫是表达自己的需要，宝宝会用尽全身力气去喊叫，如果叫声吸引了妈妈的注意，宝宝下一次的叫声会更大，发出尖叫声的时间会更长。

❸ 宝宝有时会认为大声尖叫是很有趣的活动，感觉很好玩，有时达10分钟，妈妈不要认为宝宝这是哭闹就责备宝宝，这可能是宝宝在练声呢。

❹ 有时宝宝的尖叫声得到了妈妈的关注，宝宝就会很开心，这有利于亲子关系的建立。

❺ 妈妈听到宝宝尖声叫喊时，一定要安慰宝宝，拥抱宝宝，抚摸宝宝或对宝宝说话。

培养宝宝的视觉能力

育儿须知

宝宝刚出生的时候，眼睛虽然睁开了，但是看东西还处于无意识的状态，也可以说还不会“看”东西。但是，宝宝的视力发展很快。爸爸妈妈应抓住宝宝视力发育的关键时期对宝宝进行视觉能力的培养。

更多了解

培养宝宝视觉能力的方法如下。

❶ 宝宝喜欢看街上跑着的汽车，也喜欢看电视中会动的人物影像，晚上爸爸抱着宝宝去追妈妈的影子也会使宝宝玩得十分开心。

❷ 如果宝宝对手感兴趣，这时让宝宝戴上一个彩色的大手镯，或者在手上包一条花布引他观看自己的手，宝宝眼看着自己的一双会动的小手，会感到十分新奇。

❸ 可以用两个玩具来逗引宝宝，让宝宝注视一个玩具，然后拿出另一个玩具训练宝宝的视线从一个物体转移到另一个物体上，也可以在宝宝集中注视某一物体或人脸时，迅速移开物体或人脸，训练宝宝在注视的目标消失时用视觉寻找目标的能力。

宝宝9~10个月

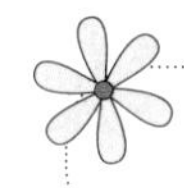

宝宝喂养

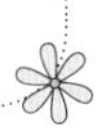

看宝宝和妈妈的情况决定断不断奶

育儿须知

9~10个月的宝宝，胃里消化酶逐渐增多，肠壁肌肉发育逐渐成熟，宝宝的咀嚼功能日益完善，断奶没有大问题。不过断不断奶要看宝宝和妈妈具体的情况。

更多了解

母乳的营养价值比任何辅食的营养价值都高。而且喂母乳本来就是宝宝和妈妈最直接的联结，是增进感情的最佳方式，如果能等到宝宝自动放弃母乳那就最好了。

因此，宝宝如果辅食吃得很好，对母乳不是很依恋，体重增长也稳定，而喂母乳也并没有给妈妈增加多少困难，那就可以暂时不断，母乳和辅食一起喂养。

但是如果喂母乳对妈妈来说确实存在困难，影响正常生活，就可以考虑断奶。

断奶时要循序渐进，妈妈先断宝宝白天的母乳，每天可以减一顿母乳喂养，一周过后妈妈的乳房不胀了，宝宝的奶就戒了。断奶后，妈妈要增加宝宝辅食的添加量。

给宝宝断奶期间，妈妈要多关心宝宝，陪陪宝宝，安抚宝宝不安的情绪。

贴心叮咛

妈妈给宝宝断奶时，不要使用生硬的方法。如：妈妈突然强行与宝宝分开或妈妈在乳房上涂些辣椒水，这样宝宝会没有安全感，出现厌食，很容易生病。

给宝宝准备过渡性食品

育儿须知

现在宝宝的咀嚼能力有了很大的提升，妈妈一定要做好宝宝过渡性食品的添加。为宝宝吃大块固体食物做好前期准备工作，否则宝宝将来遇到大块固体食物时不会咀嚼，会很难下咽，出现恶心、拒食等现象。

更多了解

妈妈可以给宝宝做小包子、小饺子或小馄饨。肉馅要剁得比成人吃的碎一些，里面可以加点蔬菜。妈妈最好不要买现成的，要自己做，少放调料。

妈妈第一次给宝宝吃小包子、小饺子、小馄饨时要注意，不要多喂，最好先喂一个，看宝宝的消化情况以及宝宝的大便是否正常，在没有异常的情况下再逐渐增加。

贴心叮咛

肉馅要注意不要选择带筋的肉，若肉有筋，妈妈一定要将筋去掉。宝宝大便时，妈妈可能看到大便中有未消化的蔬菜。妈妈不用担心，只要将蔬菜切得再小一些就可以了。

断母乳后宝宝一天的营养食谱

育儿须知

宝宝断母乳后，一定要注意营养，每天要给宝宝吃足够量的辅食，满足宝宝正常生长发育的需求。

更多了解

宝宝一天的食谱如下。

早上6：00，配方奶180~200毫升，没有断母乳的可以继续喂母乳。

中间妈妈可以给宝宝两根磨牙棒，练习宝宝的咀嚼功能。

上午10：00，大米粥小半碗，鸡蛋黄一个，蔬菜末30~40克。

下午2：00，配方奶180~200毫升，没有断母乳的可以继续喂母乳。

下午4：00，苹果半个，用勺刮成末，或香蕉半根，用勺刮成末。

晚上6：00，带汤面条小半碗，鱼肉泥或鸡肉泥或豆腐20~30克，蔬菜末30~40克。

晚上10：00，配方奶180～200毫升，没有断母乳的可以继续喂母乳。

贴心叮咛

夏天天气热，妈妈可以煮些绿豆汤给宝宝喝。

如何预防宝宝缺锌

育儿须知

锌对宝宝的生长激素和生长因子的分泌起着重要的作用，宝宝缺锌会影响身高和智力发育，降低免疫力，所以锌对宝宝的生长发育十分重要。

更多了解

宝宝缺锌会造成食欲减退、发育迟缓、智力低下，经常出现呼吸道疾病，反复出现口腔溃疡，伤口不易愈合等。

食补对预防宝宝缺锌是一个比较好的方法，妈妈给宝宝添加辅食时，一定要添加含锌丰富的动物性食品，如猪肝、瘦肉、鱼肉、蛋；植物性食品有葵花子、核桃等。

贴心叮咛

宝宝通过药剂补锌需要在医生的指导下进行，可以口服硫酸锌或葡萄糖酸锌口服液，每日口服的剂量需要遵医嘱。

暂不要给宝宝吃糖

育儿须知

宝宝这一阶段正在学习吃辅食，吃太甜的食品不利于宝宝辅食的添加，同时也不利于宝宝的身体发育。

更多了解

宝宝经常吃糖，会影响胃口，到吃饭时就吃不下清淡而没有太多滋味的饭菜，导致添加辅食十分困难，甚至营养不足。

宝宝平时吃过多的糖，糖会在体内转化为脂肪，导致宝宝发胖，严重时会出现高脂血症。

宝宝开始长乳牙了，宝宝吃糖或巧克力，残渣很容易留在牙缝中，若妈妈不及时给宝宝清理，这些食物残渣很容易发酵产生酸，腐蚀牙釉质，导致宝宝出现龋齿。

定时带宝宝做健康检查

育儿须知

一次健康检查的结果只能反映宝宝当时的生长发育情况和健康状况，通过定期多次的连续检查，对检查结果进行前后对比，才可以看出宝宝生长发育和健康状况的动态变化，才能对宝宝的生长发育和健康状况做出较准确的评估。

更多了解

定期健康检查的次数和时间一般是：1岁以内查4次，分别在出生后3个月、6个月、9个月和12个月；1～3岁，每半年检查一次；3～7岁，每年检查一次。如有问题，应根据医生的要求增加检查次数。通常，在宝宝出生后3个月内，就应带宝宝到当地的妇幼保健院进行健康检查，为宝宝建立一个健康档案。

健康检查的内容通常包括以下几个方面：生活、饮食、大小便、睡眠、户外活动、疾病等一般情况；测量体重、身长、头围等；全身体格检查；必要的化验检查（如检查血红蛋白水平）和特殊检查（如智力检查）等。医生会根据检查结果向爸爸妈妈进行科学育儿指导和宣教，如如何进行母乳喂养、如何添加辅食、如何进行疾病预防等。

宝宝爱玩“小鸡鸡”怎么办

育儿须知

有的男宝宝喜欢玩弄自己的“小鸡鸡”，并可以出现勃起，这使有的爸爸妈妈感到困惑。其实男宝宝在妈妈子宫里的时候阴茎就能勃起了，这是一种生理反应。宝宝玩弄生殖器与玩自己的手指一样。

更多了解

对宝宝玩生殖器的这种动作，爸爸妈妈不必大惊小怪，也不要呵斥宝宝。可以在宝宝出现这种动作时，通过其他事情分散他的注意力，吸引他去做别的事。爸爸妈妈不要让宝宝感到孤独，要给他足够的爱抚，多与他做一些运动性游戏，让他的精力尽量发泄。

宝宝大一些，懂得了道理，爸爸妈妈也不要直接批评他的这种行为，可以让他感觉到爸爸妈妈不希望他这样，而且让他知道这是隐私行为，不能公开做。

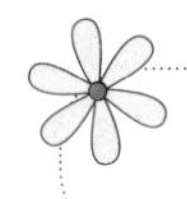

宝宝疾病

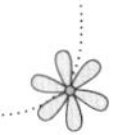

宝宝口腔出血的处理

育儿须知

当宝宝摔倒或面部受外力撞击或打击的时候，嘴唇、舌、口腔黏膜、牙齿、牙槽都会受到损伤。由于口腔内软组织血液供应丰富，所以出血常较多。

更多了解

口腔出血的处理方法如下。

❶ 让宝宝坐下，头向前倾并歪向受伤的一边。

❷ 用干净的医用纱布压在伤口上止血。

❸ 如果牙槽出血，可用一小块或一长条纱布紧压伤口，但不要塞入伤口。纱布的厚度必须高于其他牙齿，以避免上、下牙直接接触，减少对伤口的刺激。

❹ 让宝宝咬紧纱布10～20分钟。

❺ 让宝宝将口腔内的血液吐出来，不要吞入，以免引起呕吐。

❻ 如果伤口较大，出血较多，止血困难，要尽快送医院。

宝宝感冒的护理

育儿须知

宝宝在一年内常反复发生感冒，只要护理得当，治疗及时，很快就会痊愈，如果疏于护理和治疗，可能引起许多并发症，常见的有鼻窦炎、口腔炎、喉炎、中耳炎及淋巴结炎。

更多了解

宝宝发生感冒时，爸爸妈妈一定要照医嘱做好家庭护理，要注意以下5点。

❶ 充分休息。宝宝年龄越小，越需要休息，待症状消失后才能恢复自由活动。

❷ 按时服药。感冒，多数是由病毒所致，抗生素无效，特别是早期病毒感染，抗生素非但无效，滥用抗生素反而会引起机体菌群失调，利于致病菌繁殖，加重病情。在医生指导下给宝宝服用副作用小的退热药能较好地解除感冒引起的发热、鼻塞、咳嗽等不适，避免并发症发生，让宝宝及早康复。

❸ 宝宝感冒发热期，应根据宝宝食欲及消化能力不同，分别给予流质、面条或稀粥等食物。吃奶的宝宝应暂时减少次数，以免发生呕吐、腹泻等消化不良症状。

❹ 保持居室安静、空气流通，室内温度不要太高或太低，对有喉炎症状的宝宝更应注意，这样才能让宝宝早康复。

❺ 如果宝宝发热持续不退，或者发生并发症时，应及时去医院诊治，以免发生意外。

怎样缓解宝宝鼻塞不适

育儿须知

冬季是呼吸道感染的高发季节，宝宝经常会出现鼻塞、咳嗽、发热等常见不适，妈妈一定要精心护理，用正确的方法帮助宝宝缓解症状，减轻不适。

更多了解

妈妈可以按下面步骤操作，缓解宝宝鼻塞。

首先，妈妈抱着宝宝，让宝宝呈仰卧位。先挤几滴盐水滴鼻液，滴进宝宝的鼻子，这种滴鼻液会让黏液逐渐松解。

把消毒过的棉球卷成细卷，轻轻地塞入宝宝的鼻腔，并轻轻旋转，停留2～3秒后，

再用棉球卷轻轻从鼻中拉出黏液。

然后妈妈用双手食指摩擦宝宝的鼻梁两侧，直至有热感为止，以改善宝宝鼻塞的症状。

妈妈用手捏住吸鼻器的皮球，将软囊内的空气排出，将吸鼻器前端轻轻放入宝宝鼻孔，松开软囊将脏东西吸出，反复几次直到吸净为止。

贴心叮咛

在宝宝感冒鼻塞时，妈妈应当多帮宝宝吸鼻涕，还要在家中开启加湿器，以增加房间的湿度，避免宝宝鼻腔分泌物形成硬鼻痂。

宝宝成功早教

从小培养良好的生活习惯

育儿须知

习惯是宝宝从小养成不易改变的行动、说话、生活等方式，是一种稳定的自动化的行为方式，是在宝宝的大脑中形成的一系列的条件反射。妈妈要从小给宝宝养成良好的生活习惯。

更多了解

良好的饮食习惯：宝宝现在坐得很稳，妈妈可以给宝宝准备一个儿童餐椅，每次宝宝吃饭都固定一个位置，让宝宝养成安静坐在那儿吃饭的好习惯。

按时睡觉和起床：每天晚上，妈妈可以在8：00左右给宝宝洗澡，换上干净的衣服和尿布，让宝宝躺在床上，妈妈给宝宝放几首有利于睡眠的曲子，这样宝宝会很快入睡。早上在7：00左右，妈妈可以轻揉宝宝的脚心让宝宝起床。

整理玩具：妈妈可以在宝宝房间的墙角处放两个玩具箱，告诉宝宝玩过了的玩具可以放到箱子里，妈妈可以做一个示范，说：“小球回家了，积木也回家了。”慢慢地宝宝就会自己整理玩具了。

激发宝宝的好奇心

育儿须知

9～10个月的宝宝，对很多事物充满了好奇，想知道他们接触的一切事物，他们喜欢用手摸、扔、敲以及爬过来到处寻找，妈妈可以多和宝宝一起做亲子游戏，满足宝宝的好奇心。

更多了解

玩电话游戏：妈妈可以给宝宝买一个电话玩具或用家里的旧座机电话，教宝宝一只手拿起电话听筒，另一只手按电话号码。如果电话不能发声，妈妈可以重复说1、2、3、4、5等数字信息吸引宝宝注意力。

追小球游戏：妈妈可以在宝宝练习爬行时，放一个小球在宝宝眼前，妈妈可以一点一点向前推小球，然后再让小球滚动快一些，让宝宝爬着追小球，还可以用衣服盖住小球，让宝宝找小球，这样能满足宝宝的好奇心。

贴心叮咛

在宝宝吃完饭时，妈妈可以给宝宝一个勺子，碗里放一点水或一点米饭，让宝宝练习使用勺子，让宝宝知道勺子凹面可以用来盛东西。

给宝宝准备一个玩具箱

育儿须知

为了给宝宝开发智力，爸爸妈妈一定买了很多玩具，堆满了屋子，所以需要给宝宝准备一个玩具箱。

更多了解

9～10个月的宝宝喜欢到箱子里翻找东西，会很高兴地从里面拿出玩具，直到将箱子里的玩具全部拿出为止。然后，宝宝会将玩具一个一个地全部放回箱子中。宝宝会玩得很开心。

妈妈现在给宝宝一个玩具整理箱，教宝宝整理玩具，待宝宝长大一些，就可以自己整理玩具，学会自己的事情自己做，锻炼宝宝的独立性。

教宝宝宝认识自己的身体

育儿须知

9～10个月的宝宝开始有自我意识，宝宝会发一些简单的音节，在照镜子时还能区分镜中的影像和自己，若妈妈继续教宝宝认识自己的身体部位，可以促进宝宝的语言发育。

更多了解

认识鼻子。妈妈抱着宝宝站在镜子前面，指着宝宝的鼻子说："这是宝宝的鼻子，鼻——子。"再让宝宝看到妈妈的嘴形，拉长音让宝宝模仿。

认识小手。妈妈可以与宝宝玩"找手游戏"。妈妈可以将宝宝的两只小手藏在宝宝身后，妈妈问："宝宝的小手在哪里？"若宝宝将小手从后面拿出来，妈妈可以告诉宝宝："这是宝宝的小手。"

贴心叮咛

妈妈可以根据宝宝认识身体部位的情况调整教宝宝的速度。若宝宝很快学会了，妈妈可以再教宝宝认识头、眼睛、嘴、耳朵、胳膊、腿、脚等身体部位。

培养宝宝的"音乐细胞"

育儿须知

宝宝的"音乐细胞"需要早期培养，妈妈要在不同时间给宝宝听不同的音乐，若妈妈能和宝宝一起听，再给宝宝解释一下这首曲子，就更有利于宝宝的智力开发。

更多了解

宝宝睡觉前，妈妈可以给宝宝听听熟悉轻柔的音乐，有利于宝宝睡眠。

宝宝练习爬行时，妈妈可以给宝宝放一些节奏欢快的音乐，让宝宝喜欢上爬行运动。

妈妈带宝宝出去玩时，可以将自然界中美妙的声音录下来给宝宝听，如大海声、河水流动声等，每天给宝宝听听。

妈妈可以将宝宝欢快的笑声录下来给宝宝播放，也可以录一些动物的叫声让宝宝模仿。

妈妈可以给宝宝准备各种能发声的玩具，如不倒翁、小鼓、小铃铛等，都可以刺激宝宝的听觉发育。

妈妈还可以每天定时给宝宝听古典音乐，每天10～15分钟。

教宝宝学站立

育儿须知

9~10个月的宝宝坐得很稳了，有时不满足坐着了，妈妈应该抓住宝宝自己想学站的机会，教宝宝站立。

更多了解

妈妈开始教宝宝站立时，可以先用双手托住宝宝的腋下，让宝宝练习站立一会儿。宝宝开始学站时，妈妈不要着急，宝宝多站几次就会了。

宝宝在妈妈的帮助下能用两只脚站稳后，妈妈再让宝宝学习用手扶着床边站立，妈妈一定要注意保护宝宝。

宝宝自己会扶着东西站立后，妈妈再教宝宝练习由站位到蹲位，再由蹲位到坐位，以及由坐位到俯位，每天重复几次。

宝宝10~11个月

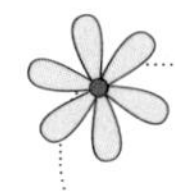

宝宝喂养

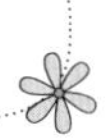

防治宝宝铅中毒

育儿须知

宝宝的代谢能力远不及成人，过多接触含铅物品，很容易铅中毒，这样不仅会影响宝宝的造血功能，还会影响宝宝的神经发育，降低宝宝的智力。

更多了解

引起宝宝铅中毒的原因如下。

❶ 给宝宝购买的玩具中有的涂有铅涂料，而1岁以内的宝宝很喜欢用嘴咬玩具，很容易将含有铅的涂料咬下来吃到肚子里。

❷ 给宝宝扑擦含有铅的痱子粉。

❸ 母乳喂养的妈妈使用含铅的化妆品，导致分泌的乳汁中含铅。

防治宝宝铅中毒的要点如下。

❶ 家中尽量不要使用含铅的厨具，包括盘子、碗和汤勺。

❷ 家中装修使用环保材料，不要使用含铅涂料。

❸ 妈妈带宝宝到空旷的、有绿地的场所去玩，不要带宝宝去空气污染较重的马路附近玩。

❹ 勤给宝宝洗手，不要给宝宝吃含铅膨化食品或让宝宝养成吃手的习惯。

❺ 母乳喂养的妈妈和宝宝多吃含钙、维生素C多的食品，这些食品可以帮助阻止妈妈和宝宝对铅的吸收。

贴心叮咛

宝宝如果出现不明原因的哭闹、腹泻以及宝宝查神经末梢血查出铅中毒，妈妈应该带宝宝去医院治疗，不要自己乱用药。

宝宝不爱吃饭怎么办

育儿须知

宝宝不爱吃饭，妈妈可以通过提高烹调技巧、变换食物形状的方式引起宝宝的食欲。

更多了解

应对宝宝不爱吃饭的办法如下。

饭菜软硬适合宝宝：给宝宝吃的饭菜不能太软，也不能太硬、块儿太大，而应换着花样给宝宝吃，让宝宝有新鲜感，避免宝宝吃腻。

变换食物形状：宝宝不爱吃苹果泥，不一定是口味问题，而可能是宝宝长牙了，喜欢换一种吃法，比如更喜欢吃苹果条。宝宝左一顿面条，右一顿面条，有点腻了，妈妈不如将面粉做成小馒头或小包子等。

不喂太多零食：宝宝胃里总有食物，没有饥饿感，饭点时不饿就不爱吃饭。

贴心叮咛

妈妈还可以制订宝宝吃饭规则，宝宝在规定的时间不吃饭，离开饭桌就没有饭吃；也不给宝宝喂零食，让宝宝感受一下饥饿的滋味。

宝宝不爱吃蔬菜怎么办

育儿须知

宝宝不爱吃蔬菜会使维生素摄入量不足，出现营养不良，影响身体健康，还会使宝宝偏爱肉食，长大后更不容易接受蔬菜。

更多了解

让宝宝爱吃蔬菜的方法如下。

❶ 言传身教，为宝宝做个好榜样：平时在餐桌上应多吃蔬菜，并表现出觉得很好吃的样子。不在宝宝面前议论自己不爱吃什么菜，什么菜不好吃之类的话题，以免宝宝被误导。

❷ 多向宝宝讲吃蔬菜的好处和不吃蔬菜的后果：有意识地通过讲故事的形式，让宝宝懂得吃蔬菜可以使身体长得更结实、更健康。

❸ 改变烹调方法：多注意菜品种类、形状和烹调方式的搭配，转移宝宝的注意力，增进他的食欲。给宝宝做的菜应该比为大人做的菜切得细一些、碎一些，便于宝宝咀嚼。

❹ 如果宝宝对蔬菜特别抗拒，换了形式，宝宝仍不爱吃，可以将蔬菜做成宝宝不知不觉能接受的形式，如把蔬菜做成馅，包在包子、饺子或小馅饼里给宝宝吃。

贴心叮咛

如果宝宝只对个别几样蔬菜不肯接受，不必太勉强，可以用其他营养素含量相近的蔬菜来代替，例如宝宝不爱吃大白菜，可用卷心菜来替代。千万不要采取强硬手段逼迫宝宝吃他不接受的蔬菜。

水果不可以替代蔬菜

育儿须知

水果和蔬菜都含有人体需要的维生素和矿物质，但是水果不能替代蔬菜，它们是两种不同的食物，营养价值还是有一些区别的。

更多了解

水果和蔬菜的主要营养成分是维生素、无机盐以及一些膳食纤维，水果中含糖量高些，蔬菜中无机盐会多一些。

新鲜的水果和新鲜的蔬菜从营养素和总的抗氧化能力上比较，水果不如蔬菜。

而且，等量的蔬菜能比水果提供更多的膳食纤维，预防宝宝便秘的效果强于水果。

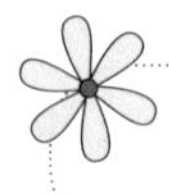

宝宝照护

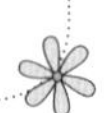

宝宝不肯洗脸怎么办

育儿须知

宝宝往往更愿意去做自己感兴趣的事，比如能得到表扬的事、可以自己动手的事等等。对付不肯洗脸的宝宝，妈妈要使用一些技巧。

更多了解

调动宝宝对洗脸的兴趣。比如大人做个示范，把洗脸和玩结合起来，引起宝宝的兴趣。

给娃娃洗脸。一般来说，宝宝都喜欢模仿，妈妈可以拿个娃娃，一边给宝宝洗脸，一边给娃娃洗脸。也可以让宝宝给娃娃洗脸，妈妈就给宝宝洗脸，慢慢地宝宝自然就会喜欢上洗脸了。

表扬宝宝。宝宝一般都爱漂亮，洗完了告诉宝宝："宝宝洗了脸好白、好漂亮呀。"慢慢地宝宝就会喜欢洗脸了。

奖励宝宝。在卫生间贴一张图表，宝宝每次饭前便后洗了手，就在上面画个红色的勾；当宝宝把脸和手洗得干干净净，坐在饭桌前时，就可赢得一张"笑脸"贴在图上；另外，当分数攒够一定数目后，奖励宝宝一个他喜欢的玩具或者他爱吃的点心。

贴心叮咛

妈妈在给宝宝洗脸时动作要温柔，轻轻地擦洗，边洗边跟宝宝说话，千万不要因为宝宝不爱洗脸就硬来，使劲擦，这样只会令宝宝更加反感。

不会爬的宝宝是否异常

育儿须知

在宝宝学走路前让他多爬爬，可以使宝宝善于运用腿部的肌肉，以后宝宝走起路来也会更稳健些。

更多了解

宝宝先会翻身、坐，然后学爬、扶着站，这是一般顺序。但由于个体不同，即使宝宝到了1岁还不会爬，也不能就此断定宝宝发育慢或有异常。但是，假如宝宝不仅不会爬，连其他动作也不行的话，就得请儿科医生看看。

贴心叮咛

让宝宝练爬，妈妈可以让宝宝趴下，把宝宝的腿轻轻弄弯曲，放到肚子下，然后用手在他臀部轻轻拍一下，宝宝就会往前扑，慢慢就会开始爬。

注意宝宝安全

育儿须知

10～11个月的宝宝通常已学会爬、坐、扶、站。一旦宝宝能自己扶着走，其活动范围更广，加上好奇心强烈，他会尽全力去探索和寻找。这时期的宝宝既不懂什么东西有危险，又不懂怎样保护自己，因而容易发生一些意外的事故。此时做好居室安全工作十分重要。

更多了解

宝宝的脚步不稳，头重脚轻，易摔倒，且头容易碰撞桌椅的棱角，所以家里有棱角的家具要贴上海绵或橡胶皮，以防止发生危险。如果条件允许，最好让宝宝在空旷的房间玩，应将组合式柜子或桌子等固定好；任何柜子都应该没有可供宝宝踩、抓的地方，使宝宝无法攀爬；室内楼梯应加护栏，桌、椅、床均应远离窗子，防止宝宝攀爬到窗边；宝宝的用品，如坐的椅子应稳重且坚固；床栏应坚固且高度超过宝宝胸部；借用别人的小车时应检查挂钩和车轴，以防意外发生。

贴心叮咛

如果宝宝从高处摔下来，要观察他的神态，若出现呕吐、神志不清，要立即送医院。

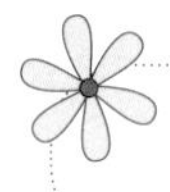

宝宝疾病

缓解宝宝断奶的不适

育儿须知

妈妈给宝宝断母乳，一般对宝宝的营养影响不大，但是宝宝可能出现哭闹、消瘦、易生病等情况。

更多了解

爱哭：突然给宝宝断奶，宝宝没有安全感而产生母子分离焦虑症，主要表现为妈妈一离开宝宝，宝宝就会出现情绪低落或哭闹着四处找妈妈。

妈妈可以每天减少一些母乳喂养量，这样循序渐进地断母乳，宝宝就不会有太多不适。

消瘦：妈妈若给宝宝强行断奶，宝宝的情感受到严重的刺激，再加上宝宝对配方奶不适应，宝宝心情不好，就变得没有食欲，宝宝会经常拒绝吃辅食。这会引起宝宝胃肠功能的紊乱，宝宝的食欲会越来越差，出现消瘦、面色发黄、体重减轻。

妈妈要适量地给宝宝喂配方奶，找到一种宝宝喜欢吃，而宝宝胃肠又适应的配方奶时，再给宝宝断奶。

易生病：妈妈在断奶之前没有给宝宝准备丰富的食物，导致宝宝每天摄入的蔬菜、水果、肉等食物较少，引起宝宝营养不足，从而影响了宝宝的生长发育，特别是容易造成宝宝缺钙而导致佝偻病，并会导致宝宝抵抗力降低、易生病。

贴心叮咛

断奶之后，不仅要保证宝宝的物质营养，也要满足宝宝的情感依恋，让宝宝有安全感。

秋季腹泻的预防和护理

育儿须知

秋季腹泻是指发生在秋季，由病毒感染引起的腹泻，初期伴有呕吐、发热现象，体

温多在38~40摄氏度。大便每天10次左右，呈水样便或蛋花汤样便，伴有少量黏液，没有特殊的腥臭味。

更多了解

预防秋季腹泻的注意事项如下。

❶ 妈妈每次给宝宝换尿布后、冲奶前、喂奶前、喂饭前都要洗手。

❷ 奶瓶、奶具要定时消毒，在常温下放置剩奶不能超过 3 个小时。

❸ 给宝宝制作辅食时应选用新鲜的蔬菜和肉，现做现吃。

❹ 室内经常通风，保持空气新鲜，减少宝宝被病毒感染的机会。

❺ 不要把饭嚼了再给宝宝吃，以免妈妈口腔中的致病菌传给宝宝。

❻ 给宝宝试食物温度时，妈妈不要养成用嘴尝的习惯，而是应将食物或奶取出一滴滴到手背上即可试出温度。

护理注意事项如下。

❶ 轻微的秋季腹泻不能禁食，反而要鼓励宝宝少食多餐，只有在宝宝频繁呕吐时需要禁食。

❷ 食物以流质和半流质为主，不要吃固体食物，宝宝可以喝奶、米汤、粥等。

❸ 不要给宝宝吃致敏的食物，如海鲜、鸡蛋等。

❹ 妈妈可以给宝宝煮苹果吃，苹果含有丰富的鞣酸，可以止泻。

❺ 每次大便后妈妈都要给宝宝用温水擦洗干净屁股，给宝宝及时更换尿布。

❻ 注意宝宝腹部保暖，避免腹部着凉而引起或加重腹泻。

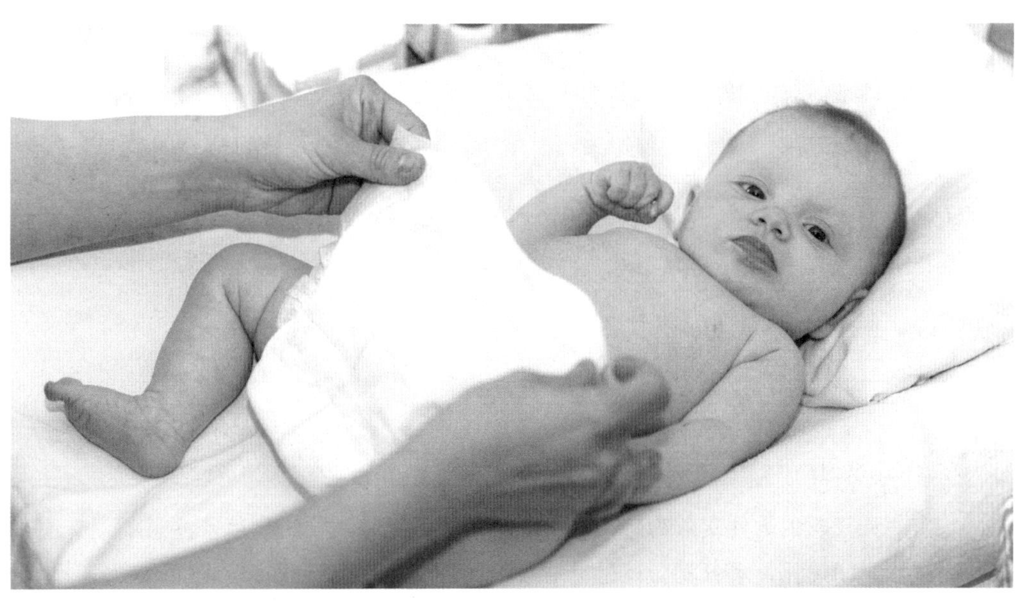

宝宝夜间磨牙怎样纠正

育儿须知

宝宝夜间磨牙或咀嚼往往是有某些疾病或不良生活习惯的信号，妈妈要仔细观察和分析，及时予以纠正。

更多了解

磨牙原因	纠正办法
寄生虫：肚子里有蛔虫时，宝宝会失眠、烦躁，并且夜间磨牙；蛲虫在肛门口产卵，会引起肛门瘙痒，使宝宝睡得不安稳，出现磨牙	给宝宝驱虫，平时应养成良好的卫生习惯
晚餐吃得过饱：增加宝宝胃肠道的负担，消化系统晚上不休息，咀嚼肌也被动员起来，不由自主地收缩，从而引起磨牙	不要在临睡前让宝宝吃东西，吃饭后不要立即睡觉，休息一会儿再带宝宝上床睡觉
缺乏维生素D：骨骼缺钙时，会导致肌肉酸痛和自主神经紊乱，出现多汗、夜惊、烦躁不安和夜间磨牙	平时多晒太阳，必要时在医生的指导下给宝宝补充维生素D和钙片
牙齿排列不齐：咀嚼肌常常会无意识地收缩，引起磨牙，宝宝长期用一侧牙咀嚼食物也容易引起牙齿排列不齐，导致磨牙	定期带宝宝去看牙科，注意培养宝宝正确的咀嚼习惯，不要让宝宝只用一边牙齿咀嚼
睡眠姿势不当：如果宝宝睡觉时头经常偏向一侧，会造成咀嚼肌不协调，受压的一侧咀嚼肌会发生异常收缩，因而出现磨牙，此外，宝宝蒙头睡觉时，缺氧也会引起磨牙	如果发现宝宝睡觉时经常将头偏向一侧，要帮助他调整，不要让宝宝蒙头睡

贴心叮咛

有的宝宝平时并不磨牙，但偶尔会磨牙，这可能是精神紧张所致，妈妈要注意临睡前不要让宝宝过于兴奋，也不要让家庭气氛过于紧张。

宝宝便秘的预防和护理

育儿须知

宝宝每天正常的大便次数为1～2次，如果两天以上才大便一次就要注意了，粪便在结肠内积聚时间过长，水分就会被过量地吸收，粪便干燥会导致排便更加困难，引起便

秘。妈妈应该注意从宝宝的饮食、排便习惯、活动量这几个方面入手防治宝宝便秘。

更多了解

均衡饮食：五谷杂粮以及各种水果蔬菜都应该让宝宝均衡摄入，可以喂宝宝一些果泥、菜泥，或让宝宝喝些果蔬汁，这些都可以增加肠道内的纤维素，促进胃肠蠕动，使排便通畅。

定时排便：每天早晨喂奶后，妈妈就可以引导宝宝排便，让宝宝养成定时排便的习惯。在宝宝排便时要注意室内温度，不要让宝宝产生厌烦或不适感。

保证活动量：每天都要保证宝宝有一定的活动量。妈妈要多抱抱他，或适当揉揉他的小肚子，而不要长时间把宝宝独自放在婴儿床上。

护理患便秘的宝宝的方法如下。

❶ 可以让宝宝多吃含膳食纤维丰富的蔬菜和水果，如芹菜、韭菜、萝卜等，以刺激肠壁，使肠道蠕动加快，粪便就容易排出体外。

❷ 清晨起床后给宝宝饮1杯温开水，可以促进肠蠕动。要注意多给宝宝饮水，最好是蜂蜜水，蜂蜜水能润肠，也有助于缓解便秘。

❸ 按摩。手掌向下，平放在宝宝脐部，按顺时针方向轻轻推揉。这不仅可以加快宝宝肠道蠕动进而促进排便，并且有助于消化。每天进行10 ~ 15分钟。

❹ 如宝宝多天未解大便，可在医生指导下用开塞露，但不要长期使用。

贴心叮咛

便秘的宝宝不宜多吃话梅、柠檬等，食用过多会不利于排便。

宝宝成功早教

宝宝必备的玩具

育儿须知

宝宝的手活动更加自如，妈妈需要为宝宝准备一些可以开发和锻炼宝宝手部灵活性的玩具来开发宝宝的智力。妈妈要注意选择能激发宝宝兴趣的玩具，以及可以陪宝宝一起玩的玩具。

更多了解

球：妈妈可以买各种材料的球，如橡皮、塑料、皮革材料制成的小球，这类球大小适合，便于宝宝抓握。

动物卡片书：宝宝天生喜欢动物卡片，妈妈可以买和真实动物一样色彩的动物卡片书，这可以吸引宝宝翻阅和学习。

玩具车：妈妈可以给宝宝买玩具车，宝宝可以自己拿着玩，妈妈也可以和宝宝一起玩，让玩具车从妈妈这边跑到宝宝那边，吸引宝宝寻找车到哪里去了。

贴心叮咛

妈妈给宝宝准备玩具时，一定要注意玩具的质量，同时也要注意玩具的大小以及上面的附件，避免宝宝抠下来吃进嘴里，带来不必要的伤害。

学动物叫有利于宝宝学发音

育儿须知

10~11个月的宝宝现在会发出一些音节，妈妈先教宝宝模仿动物的叫声，再结合这个时期宝宝的特点设计一些声音游戏来训练宝宝的语言发音能力。同时也可结合宝宝喜欢的动物图片，让宝宝对图片有更好的认识。

更多了解

可以像下面这样教宝宝学动物叫。

妈妈说：“小猫小猫怎么叫？”宝宝说：“喵喵喵。”

妈妈说：“小狗小狗怎么叫？”宝宝说：“汪汪汪。”

妈妈说：“小羊小羊怎么叫？”宝宝说：“咩咩咩。”

妈妈说：“小鸡小鸡怎么叫？”宝宝说：“唧唧唧。”

妈妈说：“老牛老牛怎么叫？”宝宝说：“哞哞哞。”

妈妈说：“老虎老虎怎么叫？”宝宝说：“嗷嗷嗷。”

让宝宝敲打东西

育儿须知

宝宝敲打东西，是宝宝认知世界的一种探索方式，满足了宝宝的好奇心，这是宝宝的正常行为。

更多了解

接近1岁的宝宝大多数喜欢拿东西敲，妈妈没有必要给宝宝买功能很多的高档玩具，因为宝宝现在还不会玩，宝宝只会敲或扔玩具，高档玩具不耐敲，没敲几下就坏了。

宝宝会感知自己的用力情况和物体发出的不同音效之间的关系，宝宝一旦发现，就会使劲地敲，因为敲打声音刺激宝宝的大脑反应，会引起宝宝的思考。

待宝宝熟悉这些敲打声音之后，妈妈给宝宝一个钢勺和几个碗，如瓷碗、塑料碗、不锈钢碗，宝宝会玩得更开心。

给宝宝一个独立思考的环境

育儿须知

此时的宝宝对什么事物都充满好奇，并且宝宝会以他特有的方式去探索，所以妈妈要给宝宝营造一个能独立思考的环境。

更多了解

宝宝在地上玩小车时，妈妈不要将音乐玩具或电动车玩具打开干扰宝宝，否则宝宝很容易分心，注意到别的玩具，手中的玩具就不玩了，以后什么玩具都是玩一会儿就不想玩了。

宝宝在专心摆积木时，妈妈不要打扰宝宝，应该让宝宝自己玩一会儿，宝宝叫妈妈时，妈妈再过去陪宝宝玩，或给宝宝喂东西吃。

妈妈可以在宝宝的小床边挂一个不易碎的小镜子，宝宝既可以摸，也可以照镜子，这样宝宝能很快地区分开镜子里的影像和自己，会很快认识五官、脸、身体部位等。

宝宝睡觉时，居室环境要保持相对安静没有噪声，不要有人聊天、大声说话或放音乐的声音。

如何应对任性宝宝

育儿须知

面对任性不听话的宝宝，有的妈妈会忍不住对宝宝大发脾气，有的妈妈会抱着哭闹的宝宝赶紧回家，但是宝宝依然任性。面对宝宝的任性，妈妈该怎么办呢？

面对任性的宝宝，妈妈要注意教育方法，不仅要多花些时间，还需要多一些耐心。宝宝哭闹、大发脾气时，妈妈不要放任不理。宝宝哭一定是因为不高兴，放任不管会加重宝宝的失落，伤害宝宝的情感，长此以往可能影响宝宝性格。妈妈可以安安静静抱着他，告诉他妈妈知道他的委屈，让他知道妈妈可以给他依靠，这样，宝宝哭一会儿情绪发泄完了也就没事了。

更多了解

面对任性的宝宝，妈妈千万不要乱发脾气，因为这样对宝宝来说不仅不管用，反而会促使宝宝模仿妈妈的行为，经常发脾气。

用赞美强化宝宝的进步

育儿须知

此时的宝宝喜欢听好话、喜欢受表扬，他已能听懂爸爸妈妈常说的赞扬话。

更多了解

宝宝此时如果听到喝彩、称赞，就会重复原来的语言和动作，这是他能够初次体验成功的欢乐的表现。

对宝宝的每一个小小的成就，妈妈都要随时给予鼓励。不要吝啬说赞扬话，而要用丰富的表情、由衷的喝彩、兴奋地拍手、竖起大拇指等反应，以及全家人一起称赞的方式，营造一个“正强化”的亲子气氛。这种“正强化”的心理学方法，会促使宝宝健康茁壮地成长。同时它也是智力发展的催化剂，将不断地激活宝宝探索的兴趣和动机，极大地帮助他更加自信。而这些对于宝宝成长来说，都是极为宝贵的。

宝宝11~12个月

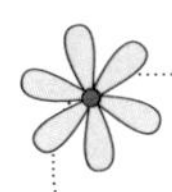

宝宝喂养

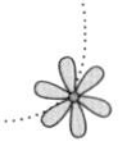

宝宝恋乳怎么办

育儿须知

许多宝宝在断奶时会哭闹，拒绝食物，甚至养成咬被角、吮手指的毛病，这些宝宝都有不同程度的恋乳。

更多了解

断奶期是第二次母婴分离的阶段，也是宝宝成长过程中的一个重要里程碑。从吸吮母乳到断奶，从习惯妈妈香甜的乳汁到彻底告别，宝宝需要一个适应过程，更需要妈妈采取正确的方式从生理到心理上戒断宝宝对母乳的依恋。

转移宝宝注意：宝宝出现碰触乳房行为时，不动声色地握住他的手，拉着他去做他感兴趣的事情，比如玩游戏、和他一起看动画片等等，转移他的注意力，也逐渐淡化他对乳房的关注。

加强亲子沟通：宝宝碰触妈妈乳房其实是情感上依恋妈妈，渴望母爱的信号。所以，不管工作多忙，妈妈每天一定要抽点时间陪宝宝，跟他交谈，陪他游戏，跟他做朋友，让他享受到充沛的母爱。如果宝宝能感受到母爱并且获得了安全感，自然就会减少对母乳的依恋。

贴心叮咛

断奶时，大多宝宝都会吵闹几天，但不管怎样吵闹也不要哺乳。

不宜给宝宝喝茶

育儿须知

茶中含有茶碱，茶碱可使宝宝兴奋、心跳加快、尿多、睡眠不安等，还会引起消化道黏膜收缩，造成消化不良。

更多了解

宝宝正处于发育阶段，需要的铁要比成人多几倍。而喝茶太多会影响牛奶中钙和蔬菜中铁的吸收，长期下去可能引起缺铁性贫血。

有调查表明，国外有饮茶习惯的婴幼儿中，有32.6%患贫血症，而不饮茶的婴幼儿患贫血症的只占3.5%。这是因为茶叶中含有鞣酸，它能与人体中的铁、钙、锌等元素结合形成不溶性物质，从而阻碍宝宝机体对铁、钙、锌等元素的吸收和利用。

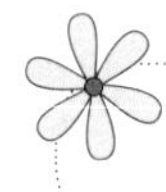

宝宝照护

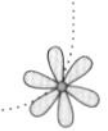

为宝宝选择鞋子的要点

育儿须知

妈妈在给宝宝选择鞋时，选择比宝宝脚大0.5厘米的鞋子为宜，因为宝宝的脚生长很快，一般几周就要换一双鞋子。

更多了解

给宝宝选择鞋子时要注意以下几点。

❶ 不要选择太大或太小的鞋子。太大的鞋子宝宝穿得不舒服，太小的鞋子会压迫脚趾骨，影响宝宝的生长发育。

❷ 宝宝不会走路，鞋底一定要是轻薄、防滑的软底。

❸ 宝宝的鞋面要柔软光滑，没有任何装饰，鞋头为圆头或宽头，这样宝宝的脚趾才有一定的活动空间。妈妈不要给宝宝选择尖头、窄头的鞋。

❹ 宝宝鞋跟后面也要留有一点空间，避免宝宝仰卧平躺时，因脚蹬、踹产生摩擦而受伤。

❺ 宝宝的鞋子要轻，鞋帮要高一些，一方面可以保暖，另一方面可以保护踝骨。

不要常带宝宝到马路边玩

育儿须知

妈妈可以多带宝宝到户外玩，多晒太阳，但不要带宝宝在路边玩。马路边污染严

重，对宝宝和大人都有害。

更多了解

汽车在路上跑，排放的废气中含有大量一氧化碳、碳氢化合物等有害气体，马路上汽车尾气的污染是最严重的；马路上汽车的鸣笛声、刹车声、发动机声等噪声会影响宝宝的听力；马路上的扬尘含有各种有害物质和致病菌、微生物，易导致宝宝生病。

宝宝不宜睡弹簧床

育儿须知

睡木板床可使脊柱处于正常的生理曲线状态，不会影响宝宝脊柱的正常发育。

更多了解

现在很多家庭都是用弹簧床代替木板床，其实这样做对宝宝发育是不利的。因为婴幼儿脊柱的骨质较软，周围的肌肉、韧带也很柔软，由于臀部重量较大，睡弹簧床的宝宝平卧时可能会造成胸曲、腰曲变小，侧卧可能导致脊柱侧弯。宝宝无论是平卧或侧卧，脊柱都处于不正常的弯曲状态。另外，有弹性的床会使宝宝翻身困难，导致身体某一部分受压，久而久之会形成驼背、漏斗胸等畸形，不仅影响宝宝体形美，而且会妨碍内脏器官的正常发育，对宝宝的危害极大。为了宝宝的健康，不应让宝宝睡弹簧床。

宝宝从什么时候开始学步好

育儿须知

一般来说，宝宝在11个月至1岁8个月期间开始学步都是正常的。具体到每个宝宝身上，学步的早晚各不相同。

更多了解

宝宝刚学迈步的时候，一定是在支撑物的帮助下进行，支撑物可以是成人的手、床、沙发、凳子、小桌等。

当宝宝刚刚能够离开支撑物独立站立时，爸爸妈妈切忌急于求成让宝宝马上独立行走，而应让他继续在支撑物的帮助下练习走步。

只有当宝宝离开支撑物，能够独立地蹲下、站起来并能保持身体平衡时，才真正到了宝宝学步的最佳时机。

贴心叮咛

爸爸妈妈应在宝宝学步前让宝宝进行锻炼腿脚力量的游戏，以增强他的腿部肌肉力量。同时，要给宝宝多吃含钙食物，保证骨骼发育正常。

宝宝学走路要注意

育儿须知

宝宝在学走路的过程中，妈妈应该给宝宝提供适合宝宝练习走路的环境，同时，妈妈也要帮助宝宝解决学习走路的各阶段的各种问题，如宝宝胆小、怕摔等心理问题。

更多了解

宝宝会通过用手抓身边能扶着东西，包括护栏、墙壁、凳子等一切，来帮助自己站起来。若宝宝第一次自己站起来了，就会不断练习站起来，然后不满足于扶物站着，慢慢地松开手，想独立站着。渐渐地宝宝就具备独立站稳的能力了。

如果宝宝会自己扶物站起来了，妈妈应该教宝宝弯曲膝盖蹲下去和站累了如何坐下来。宝宝学习从站立到蹲或坐，对于宝宝来说很辛苦，也很危险，妈妈要注意保护宝宝安全。

贴心叮咛

妈妈用一根毛线绳系住宝宝喜欢的玩具，宝宝伸手要抓到玩具时，妈妈轻轻地拉线绳，让玩具远离宝宝一点，宝宝会向前爬，这样能促进宝宝前庭功能发育，提高控制身体平衡的能力。

注意宝宝的玩具卫生

育儿须知

已消毒的玩具给宝宝玩10天后，玩具上的细菌可有好几千个，有不少是大肠杆菌和志贺菌属。

更多了解

宝宝玩具的卫生要点如下。

❶ 宝宝的玩具应每周清洁、消毒一次，以杀灭玩具上的细菌。玩具可用肥皂水或清

洁剂浸泡半小时后洗净，在阳光下曝晒4～6个小时。

❷ 在宝宝摆弄玩具时，不要让宝宝揉眼睛，更不能让宝宝边玩玩具边吃东西。

❸ 防止宝宝用口直接咬未经消毒的玩具。

❹ 宝宝玩过玩具后，要及时洗手。

宝宝疾病

宝宝发热不宜吃鸡蛋

育儿须知

当宝宝发热时，为了给虚弱的宝宝补充营养，爸爸妈妈通常会让他吃一些营养丰富的饭菜，如在饮食中增加鸡蛋数量。其实，这样做不仅不利于身体的恢复，反而有损身体健康。

更多了解

食物在体内氧化分解时，除了食物本身放出能量外，食物还刺激人体产生一些额外的能量。人体所需的各种营养素代谢时产生的能量是不同的，如脂肪可增加基础代谢的3%～4%，糖类可增加5%～6%，蛋白质则高达30%。

所以，当宝宝发热时摄入大量富含蛋白质的鸡蛋，不但不能降低体温，反而会使体内产生的能量增加，促使宝宝的体温升高更多，因此不利于宝宝早日康复。

正确护理方法是鼓励宝宝多饮温开水，多吃水果、蔬菜及含蛋白质少的食物，最好不吃鸡蛋。

怎样给宝宝喂药

育儿须知

给宝宝喂药须小心地按照医生嘱咐的服药方法喂，要知道药物的名称、服用量、给药方式和服用次数等。还要把药物放在一个安全的地方，以防宝宝拿到。

更多了解

搞清楚喂药时间：问一问医生或药剂师，是在喂奶前或喂奶时用药，还是在两次喂奶之间给药。喂药的时间选择对药物的吸收是有影响的。

搞清楚药物不良反应：请医生或药剂师告知如何观察宝宝对药物的反应。

仔细把握喂药的量：按医嘱喂宝宝吃药。

喂药时要特别耐心：先把宝宝抱在怀里，让他的头略仰起，或者放在喂奶时的体位，然后慢慢地将药滴到宝宝嘴里的中后部位，轻轻地拨动宝宝的脸颊，以促使他把药咽下去。宝宝服药后，可以抱着他哄他睡觉。

如果在喂药过程中，宝宝开始呕吐，就停下来让他休息一会儿，安抚一下后再给他喂药。宝宝如果在服药后呕吐，就把他的头斜向一边，轻拍其背部。

宝宝呕吐后，妈妈应给宝宝漱口，然后看看宝宝吐出来的药量有多少，再问一下医生是否可以按宝宝吐出来的药物量重新给宝宝服药。

贴心叮咛

有的药物可以放入少量的食物里给宝宝吃。但某些药物和奶或食物掺和在一起不能被很好地吸收。是否能这样做还是需要咨询医生。

宝宝成功早教

妈妈和宝宝说话要注意语气

育儿须知

11~12个月的宝宝，还不会用语言表达自己的需要或感受，但妈妈的语气会对宝宝的性格有一定的影响。

更多了解

妈妈和宝宝说话时，要注意自己说话的语气，同时也要使用简单有效的词汇，帮助宝宝更快地理解这个词的意思，并学会说话。

妈妈要用商量的语气。当宝宝做错事情后，妈妈不要用严厉的语气和宝宝说话，可

以用商量的语气和宝宝说。比如当宝宝把饭倒在桌上时，妈妈可以对宝宝说："宝宝，把米饭倒在桌上是个不好的习惯，妈妈和你一起把米饭捡起来装到碗里好不好？看是你捡得快还是妈妈捡得快？"

妈妈可以用信任的语气。宝宝在玩积木时如果搭不好，会出现不耐烦的情绪。妈妈可以用信任的语气和宝宝说："宝宝肯定能自己搭好的。"

让宝宝练习翻书

育儿须知

接近1岁的宝宝，手指肌肉动作的灵活性越来越精细，为了更好地增强宝宝的手指运动能力，妈妈可以将家里的旧书多拿出几本给宝宝翻。

更多了解

宝宝翻书无论是有意识还是无意识的，找到的图不管正确与否，妈妈都应该表扬宝宝或鼓励宝宝，因为妈妈的态度不好或发脾气会影响宝宝日后读书的兴趣。

这段时期，宝宝的手部控制能力较差，很容易在翻书的过程中将书撕破，妈妈最好选择图书纸张比较柔软，或不宜撕碎的有塑料膜装帧的纸，避免宝宝撕碎纸时划破手指。

宝宝因为不认识字，对书中的图片和文字的认知是模糊的，会很自然地将书拿颠倒了看，妈妈应该纠正宝宝并告诉宝宝书要正着看，同时也要告诉宝宝看书要保持适当的距离，从小养成良好的用眼习惯。

贴心叮咛

宝宝在翻书时，妈妈可以配合宝宝一起翻书，指着宝宝翻到的图片，说："在这里呢，找到了，宝宝你真棒！"

给宝宝选择适合的动画片

育儿须知

在婴幼儿阶段，宝宝能从外界环境汲取大量的信息，妈妈若给宝宝选择一部好的动画片，宝宝会从中获得许多优质信息。

更多了解

妈妈首先要给宝宝选择有教育意义的动画片，因为宝宝看动画片时注意力高度集中，有教育意义的动画片要比其他的教育工具好得多。

妈妈可以选择适合宝宝年龄的动画片，动画片中的语言要简单，说话语速要慢而且经常重复，这对宝宝学习说话非常有利。

妈妈最好陪宝宝一起看动画片，看到积极的内容，妈妈要适当地鼓励宝宝学习，看到消极的内容，妈妈要提出自己的观点，给宝宝做正确的引导。

贴心叮咛

在婴幼儿时期，宝宝的感知能力差，没有时间观念，妈妈每次让宝宝看动画片时一定要控制宝宝看的时间，以10～20分钟为宜。

给宝宝说话的机会

育儿须知

此时的宝宝能听懂妈妈对宝宝说的一些简单的语句，而且会用手势表达了，妈妈现在应该给宝宝提供开口说话的机会和环境，这样更有利于宝宝学说话。

更多了解

这个时期宝宝的接触面扩大，宝宝会主动和小朋友沟通，宝宝之间会出现一些让人听不懂的“对话”，妈妈应该鼓励宝宝，给宝宝多提供这种环境。

宝宝在家里时，会有意识地喊“妈妈”或“爸爸”，妈妈应该有意识地引导宝宝，看宝宝要做什么，比如宝宝想喝水，妈妈要鼓励宝宝说出来，不要宝宝一伸手想拿杯子，妈妈就很快拿给宝宝，这样会使宝宝的语言一直处在“口难开”的阶段，使宝宝懒得开口说话，出现语言发育迟缓现象。

贴心叮咛

妈妈可以给宝宝一个不倒翁，让宝宝推着玩儿，妈妈可以在一边念：“不倒翁，推不倒，宝宝推，推不倒，妈妈推，推不倒。”

如何提高宝宝的交往能力

育儿须知

每位妈妈都希望自己的宝宝长大之后有一定的社交能力，要想宝宝有良好的社交能力需要让宝宝从婴幼儿时就开始学习，妈妈要从小重视宝宝社交能力的培养。

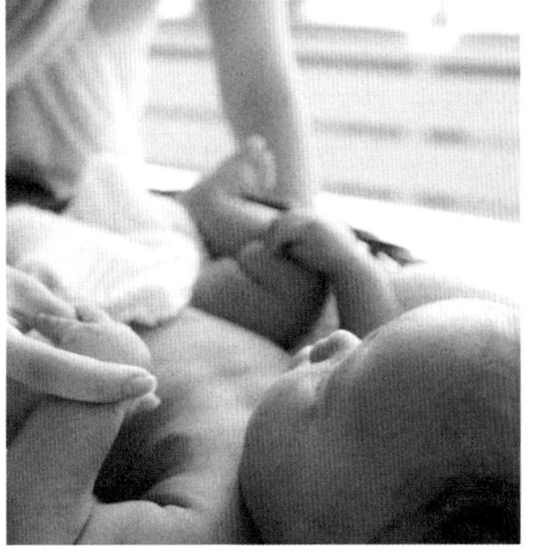

更多了解

宝宝社交能力的培养，首先要从妈妈与宝宝的注视开始，从无意识微笑到有意识微笑，从熟悉的人到陌生人，再到同龄的小朋友，宝宝首先需要学习如何交往。

妈妈要鼓励宝宝与小朋友交往，宝宝也可以拿自己的玩具和小朋友一起玩儿。让宝宝学会与小朋友一起分享自己的玩具，宝宝会变得轻松快乐、愿意与人相处。

妈妈也可以带宝宝去别的小朋友家，让宝宝在相对陌生的环境中与小朋友一起玩儿。宝宝去得多了，交际中的紧张、不适和害怕心理就逐渐克服了，也就能轻松地和小朋友玩儿了。

贴心叮咛

妈妈要提高宝宝的社交能力，需要妈妈耐心地长时间培养宝宝，带宝宝参与各种交往活动。只有这样，宝宝才能有更好的社交能力。

宝宝喜欢抢小朋友的玩具怎么办

育儿须知

宝宝喜欢抢小朋友的玩具，其实只是他对“你的”“我的”这种物权没有意识而已，只要正确引导，长大后就不会了。

更多了解

宝宝喜欢抢别的小朋友的玩具，妈妈不应该埋怨或指责宝宝，妈妈过激的行为可能给宝宝心理上造成不必要的压力。面对宝宝的这种行为，妈妈一定要立场明确，告诉宝宝这样不可以，并坚持将玩具还给小朋友。

训练宝宝独自玩耍

育儿须知

在宝宝情绪好的时候，爸爸妈妈可将一些玩具放在宝宝周围，让他自己玩一会儿。训练宝宝自己玩，有利于养成宝宝从小独立的好习惯。

更多了解

有些爸爸妈妈爱子心切，只要宝宝醒着就逗他玩，长此以往，宝宝就不善于自己嬉戏，一点儿也不肯自己玩。然而爸爸妈妈是不可能永远守在宝宝身边的，一旦宝宝醒来，发现爸爸妈妈不在身边，便会哭喊。有些宝宝习惯了让人逗着玩，时时刻刻都要缠着爸爸妈妈，养成严重的依赖性。

由于宝宝的个性差异很大，所以究竟让宝宝自己玩多长时间要视具体情况而定。应注意不要宝宝一闹就抱，但也不要让宝宝哭得太厉害。可以有计划地逐渐延长宝宝自己玩的时间，宝宝独自玩耍时，爸爸妈妈应经常留心照看，确保宝宝的安全。

让宝宝和小朋友们打招呼

育儿须知

宝宝同小朋友们打招呼经常会用3种方式——笑、招手和叫，有时还会点头或鼓掌。

更多了解

如果宝宝不会同小朋友打招呼，那有可能是因为同小朋友接触的机会较少甚至没有接触。当宝宝开始学站立或牵手学走路时，爸爸妈妈最好带宝宝到最附近有小朋友的地方，看着宝宝玩耍，这会增强宝宝的交往意识。这时爸爸妈妈最好扶着宝宝在旁边站立，或让宝宝在学步车内随意行走，也可一手扶着宝宝，带宝宝逐渐走近小朋友的队伍。

幼儿养育篇

（1~3岁）

宝宝12~15个月

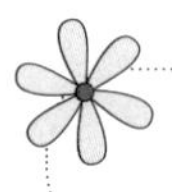

宝宝喂养

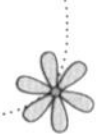

保证宝宝的饮食合理

育儿须知

宝宝饮食营养的摄入要均衡，过剩和不足都不利于宝宝的健康，甚至可能诱发多种疾病。

更多了解

一般来说，此时宝宝每天的食量为：40多克的肉类，鸡蛋1个，牛奶或豆浆250克，豆制品30~40克，蔬菜、水果200克左右，油10克左右，糖10克左右。

要让宝宝多吃菜，以副食为主。此时为宝宝准备菜时要烧得烂一些，太硬和过生的蔬菜不易被宝宝消化和吸收。花样、品种应尽量丰富些，可以有蔬菜、水果、海藻类等。

贴心叮咛

宝宝三餐若没吃好，妈妈可以给他吃点儿点心，吃点心的时间也要尽量固定。点心可以由牛奶、水果或妈妈做的食物充当。

给宝宝一个良好的就餐环境

育儿须知

为了增进宝宝食欲，促进消化吸收，保证身体健康，应该为宝宝提供一个良好的就餐环境和就餐气氛。

更多了解

首先，不要在宝宝吃饭的时候批评他，影响他的就餐情绪。宝宝情绪不好会导致其

胃肠蠕动减弱，从而影响宝宝对食物的消化吸收。

其次，不要过分要求宝宝吃饭的速度，要提倡细嚼慢咽。宝宝在进食时充分咀嚼，在口腔中就能将食物充分地研磨和初步消化，减轻下一步胃肠道消化食物的负担，提高宝宝对食物的消化吸收能力，保护胃肠道，促进营养素的吸收和利用。

最后，也不要让宝宝边听故事边吃饭、边看电视边吃饭。这样做分散了宝宝的注意力，宝宝吃饭心不在焉，会减少胃肠道的血液供给及消化系统消化液的分泌，进而影响宝宝对食物的消化吸收。

给宝宝适当吃些硬食

育儿须知

宝宝若长期吃细软食物，则会影响牙齿及上下颌骨的发育。

更多了解

宝宝咀嚼细软食物时费力小，咀嚼时间也短，长此以往会引起咀嚼肌的发育不良，结果上下颌骨都不能得到充分的发育，而此时牙齿仍然在生长，可能出现牙齿拥挤、牙列不齐及其他类型的牙殆畸形。

宝宝若常吃些粗糙耐嚼的食物，可提高咀嚼功能。乳牙的咀嚼是一种功能性刺激，有利于宝宝颌骨的发育和将来恒牙的萌出，对于保证乳牙列的形态完整和功能完整也很重要。宝宝平时宜吃的一些粗糙耐嚼的食物有白薯干、肉干、生黄瓜、水果等。

宝宝照护

宝宝的乳牙萌出顺序

育儿须知

宝宝的乳牙共有20颗，上下颌的左右侧各5颗，其名称从中线起向两旁，分别为乳中切牙、乳侧切牙、乳尖牙、第一乳磨牙、第二乳磨牙。

更多了解

乳牙从宝宝出生后6个月左右开始长出，2岁至2岁半时出齐。

宝宝萌出的乳牙数目，可用公式计算：

乳牙数=月龄－6（或4）

例如13月龄的宝宝，其估算方法是：

13－6（或4）=7（或9），即宝宝的乳牙应是7颗或者9颗。

贴心叮咛

出牙时，个别宝宝可有暂时性流涎、睡眠不安及低热等现象。

养成早晚漱口的好习惯

育儿须知

宝宝的乳牙应当受到精心的保护，宝宝从1岁开始就应接受早晚漱口的训练，并逐渐养成这个良好的习惯。

更多了解

宝宝漱口要用温开水（夏天可用凉白开水）。因为宝宝在开始学习时不可能马上学会漱口动作，漱不好就可能把水吞咽下去，所以刚开始的一段时间最好用温开水。

训练时先为宝宝准备好杯子，爸爸妈妈在前几次可为宝宝做示范动作，把一口水含在嘴里做漱口动作，而后吐出，反复几次，宝宝很快就学会了。

在训练过程中，爸爸妈妈注意不要让宝宝仰着头漱口，这样宝宝很容易呛着，甚至发生意外。另外，爸爸妈妈要不断地督促宝宝，每日早晚坚持不断，这样日子一长，宝宝就能养成好习惯。

小疏忽影响宝宝智力发育

育儿须知

妈妈有时候也会因为常识欠缺或工作忙碌而忽视宝宝的一些特别行为及生活中的一些细节。殊不知，小小的疏忽也可能给宝宝智力发育造成严重的不良后果。

更多了解

❶ 不要让宝宝尽情享受甜食。宝宝缺乏自控能力，面对自己喜欢的糖果、甜食，他会情不自禁地大吃特吃。妈妈放任宝宝这样做的话，很容易使宝宝患上消化系统疾病，甚至发生酮症酸中毒，造成脑细胞的损伤，影响智力。

❷ 要注意常说梦话的宝宝。宝宝常常说梦话是情绪不稳定的表现，妈妈的正确做法是带宝宝上医院做检查，看看宝宝的神经系统是否有异常。

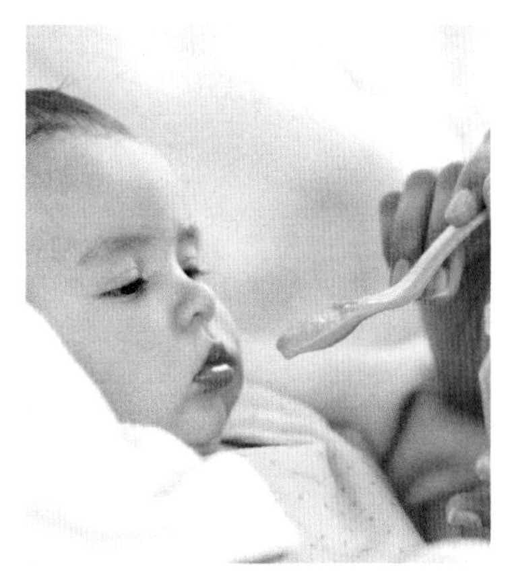

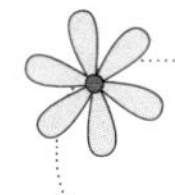

宝宝疾病

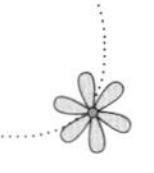

注意预防尿路感染

育儿须知

尿路感染是幼儿时期的常见病，是指产尿、贮尿和排尿的通路即肾盂、输尿管、膀胱、尿道任何一个部位有细菌感染。

更多了解

尿路感染主要是大肠杆菌和葡萄球菌直接侵入尿道、膀胱、肾盂和肾实质引起的泌尿系统感染。女孩发病的概率远远大于男孩，主要原因在于以下几点。

❶ 女孩的尿道短而宽，尿道括约肌薄弱，细菌较容易侵入。

❷ 女孩的膀胱、输尿管交界部位的活瓣功能较弱，当膀胱内压增高时，可能出现尿液反流而引起肾脏的感染。

❸ 女孩尿道口和肛门的距离较近，易被细菌污染，尤其女宝宝易受尿布上的粪便污染，故发病较多。

尿路感染的诊断一旦明确，在急性期应卧床休息，让宝宝多饮水以增加尿量，使细菌和脓液及早排出，并在医生指导下用抗生素，治疗要彻底。

急性尿路感染经治疗后多能迅速恢复，但如疗程不足，可使病情反复发作，变成慢性感染。特别是肾和肾盂的慢性炎症在迁延多年后可发展至肾功能不全，应引起重视。

带患病的宝宝定期随诊很重要，急性期疗程结束后，每月随诊一次，随诊3个月，如无复发可认为治愈。

尿路感染的预防要注意以下几点。

❶ 注重宝宝的个人卫生，女宝宝应保持外阴部清洁。

❷ 宝宝大便后要清洗臀部，纸尿裤和尿布要经常更换。

细菌性痢疾的预防

育儿须知

细菌性痢疾简称菌痢，是一种急性肠道传染病。菌痢的主要表现是发热、腹泻、大便脓血，伴有腹痛。菌痢主要由食物污染引起。毒素的吸收会引起发热、全身不适，如果毒素首先侵犯中枢神经系统就会引起脑中毒症状，如惊厥、昏迷、血压下降。

更多了解

预防菌痢，一定要做到以下几点。

❶ 大便后、吃饭前洗手，并养成习惯，最好用肥皂及流动水洗手，以防手上的致病菌随食品入口。

❷ 生吃的瓜果、蔬菜一定要洗干净、消毒。

❸ 不新鲜的食品一定不能给宝宝吃。

❹ 宝宝的餐具要专用并经常消毒。

❺ 如果家中有人得菌痢，应注意隔离，避免传染给宝宝。

如果宝宝得了菌痢，妈妈要及时带宝宝到医院检查治疗，按医嘱服药，千万不要吃几次药觉得腹泻好一些了就自行停药。最好在宝宝服药3天后复查大便，检查正常后再服2~3天药。一般疗程为7天。

除用药之外，还要注意适当休息，吃易消化的食品。如果宝宝高热，可在医生指导下服用退热药和物理降温；若发生中毒性痢疾，则应住院治疗。

注意防治宝宝斜颈

育儿须知

宝宝斜颈与胎位不正、产伤出血以及先天遗传等因素有关，最常见的是肌性斜颈，由分娩时胎儿受强烈牵引导致胸锁乳突肌发生血肿、纤维化而引起，需要及时到医院检

查、纠正。

更多了解

如果宝宝头经常歪向一侧，而下颌转向另一侧，触诊时可感到患侧胸锁乳突肌较健侧硬，严重者颈部活动受限，就可能是斜颈。发现宝宝斜颈一定要引起重视，及时送医院诊治，及早纠正，否则时间长了还可出现脸部不对称、颈椎侧弯、斜视等，影响很大。

在宝宝1岁以内可以保守治疗，通过按摩推拿手法放松肌肉来纠正。如果效果不理想，最好在2岁内做手术进行松解。

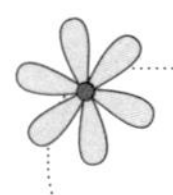

宝宝成功早教

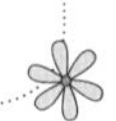

让宝宝拥有轻松愉快的心情

育儿须知

轻松愉快的心情，对宝宝和大人都很重要。处于发怒和不安之中的宝宝，就失去了探索、学习和交流的乐趣。

更多了解

爸爸妈妈也可能为对付宝宝而心神不宁，从而影响教育宝宝的情绪和耐心，也影响整个家庭气氛。为了让宝宝处于安宁、愉快的状态，爸爸妈妈应该对宝宝感到不舒适的表现及时做出反应，让宝宝感到随时处于爸爸妈妈的关照之中，这样宝宝才会对环境产生安全感，对他人产生信任感。

爸爸妈妈要保持与宝宝面对面的“交谈”“嬉戏”，保证对宝宝身体健康方面的护理，不要担心这样会把宝宝“宠坏”，宝宝从爸爸妈妈的关照中得到的安抚和快乐，是他探索和学习的基础。

宝宝记忆的特点

育儿须知

记忆是人脑对过去经验的反映。它包括识记、保持、再认或再现（回忆）3个基本环节。随年龄的增长，宝宝逐渐能够有意识地去记住一些事。

更多了解

宝宝的记忆不够精确：宝宝的记忆往往不够精确，如宝宝复述一件事时，常常会遗漏和忘记某些情节。由于分辨不清，宝宝会不自觉地把两件事混淆在一起，或者用想象的情节来代替，这在宝宝讲故事或回忆他们的经历时，表现得很明显。当宝宝所说并非实情时，不要简单地认为宝宝说谎而斥责他，应帮助宝宝弄清楚事实。

宝宝的记忆以无意识记忆居多：无意识记忆指事先没有明确的目的或不去刻意地记住什么事物，而是很自然地记住日常生活中的某些事物。宝宝往往会在生活和游戏中自然地记住一些感兴趣的、印象深刻的事物。

通过游戏活动会有较佳的记忆：在游戏中，宝宝更积极主动、情绪愉快，注意力更加集中，比单纯的训练、刻板的学习的记忆的效果更好。

宝宝15~18个月

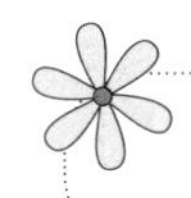

宝宝喂养

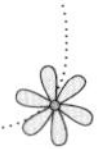

注意微量元素的补充

育儿须知

如果妈妈只注意给宝宝补充蛋白质、维生素等而忽略了微量元素，宝宝很容易因为微量元素的不足而发生疾病，一般由锌不足导致的疾病比较常见。

更多了解

膳食中微量元素的不足，主要表现在锌含量不足。目前大多数宝宝由于动物食品摄入较多，故不太缺乏铁。近年的一次调查发现，部分地区宝宝中，严重缺锌的占17%左右，轻度缺锌的占50%左右。中国营养学会要求在宝宝每日膳食当中，锌的摄入量要达到4毫克。

锌与宝宝的生长发育有很大的关系，宝宝饮食中的锌长期不足，可引起食欲不振、味觉异常、生长缓慢、身材矮小、口腔溃疡以及免疫力低下。所以在宝宝每日的膳食中，要多选择一些含锌丰富的食品。

要给宝宝多喝白开水

育儿须知

宝宝每天都应喝大量的白开水，以满足身体的需要。

更多了解

水在人体中占有很大比重，它在食物的消化吸收、血液循环、新陈代谢以及体温的维持等方面都发挥着重要的作用，可以说，没有水就没有生命。

各种饮料其实都不如白开水来得好，因为饮料中含有大量的糖分和食品添加剂，饮用过多时宝宝就不会感到饥饿，时间一长，还会出现营养不良。建议爸爸妈妈让宝宝多喝点白开水，有时喝一点饮料也是可以的，但一定不要多。

贴心叮咛

爸爸妈妈如果一味地给宝宝喝饮料，会无形中加剧宝宝的盲目消费和生活上挑挑拣拣的习惯。

不宜让宝宝过量进食

育儿须知

吃得多，身体不一定健壮。实际上进食过量对宝宝是不利的，不仅增加肠胃负担，还容易造成肥胖，影响智力发育。

更多了解

宝宝进食不是多多益善，而是必须养成适量进食的习惯。另外，尤其不提倡睡前吃得过饱。其害处如下。

增加胃肠道负担：过量进食后，胃肠道要分泌更多的消化液和增加蠕动，如果超过宝宝的消化能力，就会引起功能紊乱，发生呕吐、腹泻，严重的可发生脱水、电解质紊乱和全身中毒症状。

造成肥胖症：长期过量进食，造成宝宝营养过剩，体内脂肪堆积，导致肥胖症。

影响脑的发育：饱餐后脑部血流量减少的时间延长，使脑经常处于相对缺血状态，势必影响宝宝脑的发育。

影响睡眠：晚餐进食太多，睡觉易做噩梦，影响消化吸收，易导致消化紊乱性疾病，造成宝宝夜间磨牙、遗尿、睡眠惊醒、烦躁不安等。

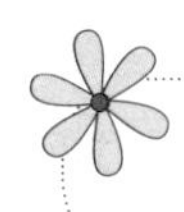

宝宝照护

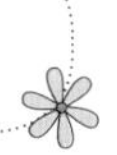

教宝宝穿戴鞋帽

育儿须知

爸爸妈妈先示范给宝宝看如何戴帽和脱帽，然后将帽子给宝宝，让其模仿。

更多了解

让宝宝照镜子，看看自己怎样戴帽脱帽，爸爸妈妈在一旁协助宝宝，教宝宝反复练习，一边练习一边教他唱儿歌：“小棉帽，头上戴，像朵花儿惹人爱。小小蜜蜂看见了，嗡嗡嗡嗡把蜜采。”

也可以给宝宝一顶帽子，让他戴在爸爸的头上，然后脱帽；或让宝宝抱布娃娃玩，并给布娃娃戴帽、脱帽。

每次外出要让宝宝自己把帽子戴上，告诉宝宝天气寒冷，戴上帽子是保护头。回到家让宝宝自己脱帽。

把鞋穿在宝宝的脚上，鼓励宝宝把鞋脱掉，反复训练。待宝宝熟练后，再教会宝宝脱掉松开鞋带的鞋。

让宝宝看爸爸妈妈怎样脱袜子，然后把宝宝脚上的袜子褪至几乎要脱下的程度，鼓励他自己脱掉。这一动作熟练之后，再把宝宝的手放在袜子松下的一端，并和他一起将袜子脱掉。每天练习 1 ~ 2 次。

每天晚上睡觉前，让宝宝坐在床边的小凳子上，鼓励他自己脱鞋、脱袜。

夸奖好过斥责

育儿须知

对于1岁多一点的宝宝来说，爸爸妈妈的斥责应该只限于专门制止宝宝的瞬间行为的目的。如果想让宝宝做爸爸妈妈所期待的事，比起斥责，最好是夸奖宝宝。

更多了解

人都是受到表扬时非常高兴，记住快乐、忘却烦恼是人之常情。所以，想让宝宝做某件事时，将之与让他感到快乐的事结合起来就容易做成。

这个年龄的宝宝还不能很出色地做好很多事，还不能判断什么是对的什么是错的，也不知道好与坏，爸爸妈妈的斥责并不能让宝宝明白这些问题，在批评斥责宝宝之前，爸爸妈妈首先应该考虑一下宝宝为什么要那样做。

宝宝摔了杯子，爸爸妈妈如果是为了制止宝宝而斥责，必须内容明确、语调严厉、表情严肃。

宝宝在这个年龄段，惩罚是没有意义的。因为宝宝还不能将自己的行为与惩罚联系在一起来记忆，宝宝只能记得被爸爸妈妈惩罚过。

应放手让宝宝活动

育儿须知

宝宝走得稳了，活动范围扩大了，随之而来的是独立性的萌芽。对待初步独立的宝宝，妈妈需要调整态度，弄清楚宝宝能做些什么，不能做什么，要让宝宝有适当独立活动的机会和自由。

更多了解

布置一个能满足宝宝需求的活动环境，如一块安全的空地、秋千、木马等，是很有用的。这时宝宝对一切都充满好奇，有一种探索的冲动，妈妈的关照有时可能变成了一种限制，不妨适当地放开手。

宝宝已不容易长时间安静地坐住了，他喜欢爸爸妈妈带他出去散步、兜风。在家里不安分的宝宝一旦外出，往往把全部兴趣都指向外部环境，妈妈要善于观察，找出宝宝喜好的活动。

宝宝日常起居时间的安排，也要尽可能地灵活。如果宝宝不喜欢某项作息时间，不妨暂时停止执行，等宝宝已经忘记反抗了，再继续试行，这样会省去很多纠缠时间。

宝宝特别缠人怎么办

育儿须知

有的宝宝总想依偎着妈妈撒娇，这一类宝宝的心理状态也许是渴望母爱，迫切地寻求着母爱，妈妈不能一味拒绝或疏远他。

更多了解

妈妈不要考虑如何赶走宝宝，更不要说一些冷淡疏远的话或做出推开宝宝的举动，否则，宝宝觉得他对母亲的感情遭到了拒绝，越发增强了执拗的性格，母亲越想推开宝宝，宝宝就越想接近母亲，恰好产生了相反的效果。

当宝宝陷入这种状态的时候，母亲的温情就显得特别重要，对于形影不离、紧紧缠着妈妈不放的宝宝，除了给他极大的满足之外，别无他法。不必担心宝宝会被宠坏，这时他还小，不必有什么顾虑。

宝宝大小便的训练

育儿须知

1岁半左右的宝宝白天大小便时能够知道喊人，这时宝宝大脑神经系统成熟，能控制大小便，妈妈可以对此进行训练。

更多了解

如宝宝大便一般都在早饭以后，则妈妈每天到点就让宝宝坐在便盆上或到厕所去排便。每天都在同一时间、同一场所，同样发出“嗯嗯嗯”的把便声，有时会相当顺利。

如过了5分钟宝宝还不排便，或宝宝一开始就挺着身子不排便，妈妈就不要硬逼了，可过一二周后再重新试着让宝宝在固定时间坐在便盆上或去厕所排便。若成功了，就好好表扬表扬，因为这样年龄的宝宝只要一受到表扬，干什么都会有信心。而且，妈妈一高兴了，宝宝心里也就自然产生一种要使妈妈高兴的念头，于是每次大小便时就会找妈妈了。

有的宝宝2岁多了还不能控制大小便，妈妈对宝宝这样的行为决不能打骂，应耐心等待时机并坚持训练宝宝。

宝宝学会骂人怎么办

育儿须知

对宝宝来说，语言是借用的东西，大都是把大人的话、电视上的话以及其他小朋友的话拿来就用，爸爸妈妈认为是骂人的话，宝宝却不懂，他们也没有成年人的感受。

更多了解

语言经常被当成游戏的工具，有时候也用于语言练习和学习，因此，对语言的内容不必过分计较。

爸爸妈妈要以冷静的态度对待宝宝骂人的话或粗暴的语言。当宝宝说出脏话时，不要严厉批评、大吼大叫，只要认真地告诉宝宝这些话会让别人生气、不开心就可以了。

宝宝疾病

注意预防宝宝口吃

育儿须知

宝宝如果口吃，在此时就会比较明显地表现出来，过了2岁，说话顺利之后就不容易发生口吃。但是如果已有口吃不能及时矫正，宝宝就可能形成习惯，这时就要找专业医生帮忙矫正了。

更多了解

宝宝急于讲话，一时张口结舌，要讲的话重复好几次，长期这种情况不断重演，宝宝容易形成口吃。有些宝宝本来讲话很好，但看到别人口吃便模仿，也可能口吃。

爸爸妈妈发现这种情况不必过于着急，暂时不要强迫宝宝学说话，用几天到一周的时间把重点放在搭积木、拼图、串珠等让宝宝进行动手操作的项目上。宝宝在心平气和时，可能不知不觉地一面动手一面就说出正常、流利的句子来。

不要勉强宝宝在生人面前说话，因为紧张时容易出现口吃，以后说话就会讲得不顺利。爸爸妈妈有急事让宝宝帮忙时，也切忌讲话太快、太突然，要平心静气地慢慢讲，不要让宝宝心情紧张，以免再度引起口吃。

注意预防宝宝麦粒肿

育儿须知

麦粒肿是因葡萄球菌、链球菌感染引发的眼睑炎症。在眼睑边缘长出的麦粒肿称为外麦粒肿，是指睫毛根部的皮脂腺或毛囊发炎。麦粒肿出现在内侧时称为内麦粒肿，是指睑板腺发炎。患有屈光不正、营养不良、睑缘炎等病的宝宝容易反复患上麦粒肿。

更多了解

麦粒肿症状表现如下。

❶ 病初自觉眼发痒不适，随后眼睑出现红肿，睁不开眼，有触痛，甚至伴有发热，全身不适，球结膜充血。

❷ 2～3日后，脓肿成熟，局部隆起，出现黄色脓点，最后破溃排出脓液，疼痛缓解，红肿逐渐痊愈。

❸ 内、外麦粒肿的表现基本相似，只不过内麦粒肿疼痛较为明显，炎症持续时间长。外麦粒肿在眼皮外面破溃排脓，内麦粒肿在眼皮内破溃排脓。

麦粒肿预防方法如下。

❶ 平时注意保护眼睛，爸爸妈妈不要用脏手为宝宝擦眼睛，不要修、拔宝宝的睫毛。

❷ 注意保持宝宝大便通畅，让宝宝多吃蔬菜、水果，定时排便。

❸ 积极治疗屈光不正、营养不良和睑缘炎等疾病。

注意宝宝打嗝

育儿须知

此年龄段的宝宝因为生理结构发育还不完全，打嗝是一种常见的现象，但如果宝宝打嗝过于频繁，爸爸妈妈还是需要注意一下。

更多了解

宝宝打嗝可能有以下几种情况。

❶ 吞咽空气。宝宝在哭过或吃东西后，会出现打嗝的现象，通常是吞咽空气导致的。这种情况需要让宝宝的情绪稳定下来，减少吞咽过多的空气以缓解打嗝。

❷ 腹部着凉。宝宝突然连续打嗝，并且打嗝的声音比较高亢，这可能是因为腹部受凉所致，也可能是因为进食了生冷的食物，给宝宝喂点温开水，或者是在腹部位置盖上衣被，冬季还可在衣被外放置一个热水袋保温，如此就能够有效缓解打嗝。

❸ 积食不化。如果宝宝打嗝时，闻到一股明显的酸腐味道，那就代表宝宝是因为食物未能消化，引起的打嗝。可以适当喝些山楂水，帮助宝宝消化通便，就不容易出现打嗝的现象了。

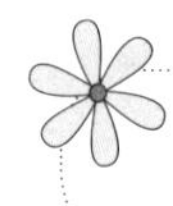

宝宝成功早教

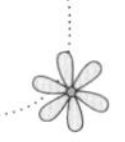

不要学说宝宝的错误发音

育儿须知

刚学会说话的宝宝普遍存在着发音不准的现象，如把“吃”说成“七”，把“狮子”说成“希儿”，“苹果”说成“苹朵”等，爸爸妈妈不要去学。

更多了解

因为宝宝的发音器官发育不够完善，听觉的分辨能力和发音器官的调节能力都比较弱，还不能正确掌握某些音的发音方法，不会运用发音器官的某些部位。如在发“吃”“狮”的音时，舌向上卷，呈勺状，有种悬空感，而宝宝不会做这种动作，就把舌头放平了，于是错的发音就出来了。

对于宝宝的不准确或者错误发音，爸爸妈妈不要去学，以免强化宝宝的错误发音，延迟宝宝学会正确发音的时间。这时候爸爸妈妈应该用正确的发音重复一遍内容，让宝宝感受到差异。爸爸妈妈在发音上的指导，可以使宝宝的发音尽快回归正确。

宝宝感知能力的发展

育儿须知

对宝宝来说，智力启蒙要重视感知能力的培养和发展。要让宝宝多听、多看、多动手，还要多和宝宝说话、交往等。

更多了解

感知能力培养的要点如下。

❶ 要让宝宝多听、多看、多动手，以发展宝宝的视、听、触觉以及这些功能的协调。智力开发总是离不开知识的掌握，而要获得知识，必须通过看、听、摸等感知活动。应让宝宝多接触自然和社会环境，多动手，去亲身感知事物，促进其智力发育。

❷ 要结合日常生活和一些简单的游戏培养宝宝的思维、想象、实践、创造等能力。启发宝宝多提问题、多思考，好奇多问是宝宝的天性，有些宝宝喜欢提问，这是思维活跃的表现，爸爸妈妈要耐心地用通俗易懂的语言回答，而不能敷衍了事。

❸ 要多和宝宝说话、交流。在和宝宝说话时，要逗引他积极反应，激发其交流、应答能力。

❹ 鼓励宝宝的创造精神。此时，宝宝创造的欲望仅仅开始萌芽，需要爸爸妈妈去发现、去引导，如果要求宝宝完全按大人要求的模式去做，则会抑制宝宝的创造精神。

让宝宝从小树立时间观念

育儿须知

从15个月起，爸爸妈妈应该逐步给宝宝树立时间观念了。这个年龄段的宝宝的时间观念总是借助于生活中的具体事情或周围的现象作为参照，比如早晨就是起床时间，晚上就是上床睡觉时间。

更多了解

宝宝从小就应该养成规律的生活习惯。让宝宝知道早上要穿好衣服出门，晚上等爸爸妈妈回来再吃晚饭，虽不必让宝宝知道确切时间，但可经常使用“吃完午饭后”“等爸爸回来后”“睡醒觉后”等作为时间的节点传达给宝宝，而且让宝宝等到应诺的时间。

爸爸妈妈要以身作则，答应宝宝的事一定要在说好的时间内做到，这样才能在宝宝心目中树立守时的观念。也要培养宝宝节省时间的习惯，爸爸妈妈应自己树立榜样，不拖拉。可常常在讲故事、做游戏等时间里告诉宝宝要抓紧时间，不能浪费时间的道理。

为什么宝宝语言发育迟缓

育儿须知

宝宝到了18个月仍不会说话，或者在3岁半时说不出完整的句子，一般属于语言发育迟缓。

更多了解

宝宝语言发育迟缓的原因可能是以下几点。

❶ 听的问题。大致有3种：失聪、环境太宁静及环境太嘈杂。失聪的宝宝可能完全听不到声音，或者听不到某些音频的声音，这样或多或少影响了宝宝接收外界声音的能力。环境太宁静会减慢宝宝的语言能力发展，这是十分常见的原因。环境太嘈杂对宝宝的语言能力发展同样没有好处。

❷ 脑部问题。如果宝宝的智力发展迟缓，说话能力通常会受影响。

❸ 发声器官问题。例如宝宝出生时已经有舌头或咽喉肌肉动作不协调，这些缺陷会令宝宝较难发展语言能力。

❹ 遗传问题。假如父母幼年时都说话较迟，他们的子女亦有较大可能说话较迟。

宝宝18~21个月

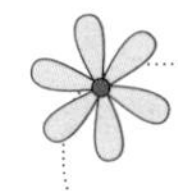

宝宝喂养

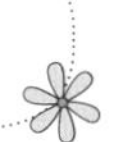

宝宝可以每天吃一个鸡蛋

育儿须知

建议宝宝多吃鸡蛋，妈妈不妨每天都给宝宝吃一个鸡蛋，这样能使宝宝的智力发展得更快、更好。

更多了解

完整的记忆是事物在中枢神经系统留下的痕迹，记忆力的强弱与乙酰胆碱有关。

乙酰胆碱对大脑有兴奋作用，使大脑维持清醒，也可促使条件反射巩固，从而改善人的记忆力。

蛋黄含有卵磷脂和甘油三酯，卵磷脂在肠内被消化液中的酶消化后，释放出胆碱，胆碱和体内的乙酰辅酶A合成有助于改善记忆的乙酰胆碱。

贴心叮咛

如果宝宝总吃煮鸡蛋就很容易厌烦，妈妈可以变着花样做鸡蛋给宝宝吃，比如蛋花汤、煎鸡蛋饼、鸡蛋羹等。

适宜的脂肪摄入对宝宝生长有益

育儿须知

脂肪是高能量物质，它是人体不可缺少的营养成分，宝宝应当适当摄入。

更多了解

脂肪是产能量最高的营养物质，1克脂肪可以产生37 800焦的能量，约为同质量蛋白质或糖类氧化时所产生的能量的2.25倍。在人体营养物质供应不足或需要突然增加时，就可以随时动用它，以保证机体能量的供给。

脂肪组织还有保暖作用，皮下脂肪层可以防止体温的散失，维持人体的正常体温。

脂肪组织还具有保护组织和器官的功能，例如心脏的周围、肾脏的周围、肠管之间都有较多脂肪组织，它可以防止这些器官受到外界的震动和损害。

脂肪还是一种良好的溶剂，促使人体吸收脂溶性维生素如维生素A、维生素D、维生素E等，脂肪摄入不足容易发生脂溶性维生素缺乏症。

脂肪能够增加食欲，如果膳食中缺乏脂肪，宝宝往往食欲不振，体重增长减慢或不增长，皮肤干燥、脱屑，易患感染性疾病。

贴心叮咛

脂肪摄入过多，宝宝易发生肥胖症，还容易引起血压、血糖的升高。因此宝宝膳食中脂肪必须适量。

保证宝宝摄入足够的糖类

育儿须知

主食，如米面中的糖类大多是淀粉。糖类除了供给能量之外，还是人体内一些重要物质的组成成分，并参与机体的许多生理活动，能促进宝宝的生长发育。宝宝此时活动频繁，消耗量大，必须保证摄入足够的糖类。

更多了解

糖类如果供应不足，宝宝会出现低血糖，容易发生昏迷、休克，严重者甚至死亡。

糖类含量丰富的食物有很多，除了米、面粉还有粉条、黑木耳、海带、土豆、红薯等。宝宝在此阶段每天需要的糖类在100克左右，而且应该与脂肪、蛋白质及其他各类食品搭配食用，做到营养均衡。

贴心叮咛

糖类摄取过量会影响蛋白质的摄取，使宝宝体重猛增，肌肉松弛无力，虚胖，抵抗力下降，从而易患各类疾病，因此也不可过量食用。

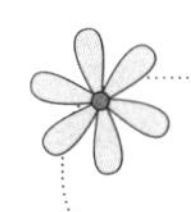

宝宝照护

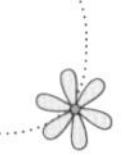

宝宝怎样安全舒适地过夏天

育儿须知

2岁以前的宝宝中枢神经系统调节体温的功能还没有发育完善，炎热天气容易造成消化功能下降，所以妈妈要注意夏天的保健工作，让宝宝健康地过好夏天。

更多了解

❶ 衣服最好用棉、纱、丝绸等吸水性强、透气性好的布料，这样宝宝不容易得皮炎或生痱子。

❷ 鲜牛奶要随购随饮，放置不要超过4小时；生吃瓜果要洗净、消毒，水果必须洗净后再削皮食用，不吃生冷食物，夏季细菌繁殖传播很快，宝宝抵抗力差，吃不净的食物很容易引起腹泻。

❸ 勤洗澡，每天可洗1～2次。

❹ 夏天出汗多，妈妈要随时给宝宝补充水分，可以适当吃些西瓜，但不可喂得太多而伤脾胃。

❺ 夏天宝宝睡着后，往往会出许多汗，此时千万不要用电风扇对着宝宝直吹，以免宝宝着凉。

贴心叮咛

不要总是让宝宝裸着身子，一来这样容易受伤，二来宝宝抵抗力差，容易着凉。

教宝宝正确地擤鼻涕

育儿须知

用衣服袖子抹流出的鼻涕，或者使劲儿地将鼻涕一吸咽到肚子里，这都是很不卫生的，会影响宝宝身体健康。妈妈必须教会宝宝正确的擤鼻涕方法。

更多了解

教宝宝用手绢或卫生纸盖住鼻孔，两个鼻孔分别轻轻地擤，即先按住一侧鼻翼，擤另一侧鼻腔里的鼻涕，然后再用同样的方法擤另一侧鼻孔。

用卫生纸擤鼻涕时，要多用几层纸，以免宝宝没经验，把纸弄破，鼻涕流到手上或身上。

需要警惕错误的擤鼻涕方法：捏住两个鼻孔用力擤。特别是感冒时容易鼻塞，宝宝希望通过擤鼻涕让鼻子通气，这样做不仅不通气，而且容易把带有细菌的鼻涕通过咽鼓管（鼻耳之间的通道）弄到中耳腔内，引起中耳炎。爸爸妈妈一定要纠正宝宝这种不正确的擤鼻涕方法。

宝宝穿多少衣服合适

育儿须知

婴幼儿不能准确表达身体的感受，爸爸妈妈应该根据天气情况和自己的穿衣体验给宝宝增减衣服。

更多了解

天气热就要少穿点，天气冷就可多穿些，宝宝活动多时也应适当减衣。爸爸妈妈穿多少，宝宝穿多少，同时要保持宝宝皮肤和衣服的干爽，如此宝宝既不会热着，也不会冻着。

宝宝穿什么样的睡衣好

育儿须知

宝宝的睡衣太厚或穿的件数太多，对预防着凉并没有益处。

更多了解

睡衣的面料以纯棉的薄布为佳，柔软、透气性好，价格亦便宜，有时利用一些旧衣服给宝宝当睡衣穿是可以的，但要提醒爸爸妈妈，旧衣服不可太小、太紧。

千万不可给宝宝穿厚厚的睡衣，甚至穿着毛背心、毛衣睡觉，这样宝宝容易踢被子，更容易着凉。

贴心叮咛

宝宝午睡时应换上睡衣或脱掉外衣，否则起床后极易着凉。

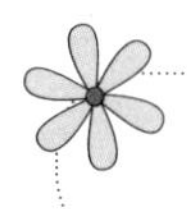

宝宝疾病

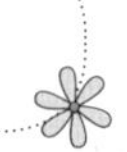

注意防治红眼病

育儿须知

红眼病，即急性细菌性结膜炎。两眼先后发病。由细菌引起，传染性很强，接触了红眼病患者眼泪污染过的手、手帕、玩具、门把、毛巾等都极易传染。在幼儿聚集的地方也易传染。一旦患红眼病应到医院诊治。

更多了解

红眼病是细菌感染引起，严重时结膜充血，甚至出血。耳前淋巴结肿大、压痛，有时影响到角膜，眼球发痛，视力模糊。患上红眼病，一定要在医生指导下坚持治疗10~14天。

包茎的防治

育儿须知

男宝宝的阴茎通常被包皮所裹，能够翻转露出龟头的称为假性包茎，翻转不能露出龟头的则叫真性包茎。真性包茎会引起小便困难，污垢也难以清洁。

更多了解

假性包茎的宝宝在成年后，发育成熟后龟头自然会露出来，所以这不成问题。如果是真性包茎，就会小便困难，有时包皮与龟头连在一起，这就危险了。而且，包皮与龟头间更易积存污垢，引起龟头炎。另外用脏手经常摸阴茎也会引起龟头炎的发生。

该病发生时会出现红肿、流脓、小便时痛等症状。由于尿路感染也会出现以上症状，所以不要在家里自己处理，应找医生治疗。

为预防宝宝得病，应做到每日对阴茎进行清洗。洗澡时，爸爸妈妈要经常把宝宝的包皮翻过来仔细清洗，由于龟头很敏感，所以开始时有点疼，但慢慢就习惯了。

贴心叮咛

真性包茎得做手术解决，并非一定在宝宝期，只要在青春期之前做就行了。手术有切除环状的，也有只切除背面的，要视情况而定。

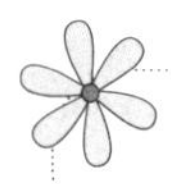

宝宝成功早教

发掘宝宝的潜能

育儿须知

潜能是一个人本来具有但还未被开发的能力，每个宝宝都有潜能。充分发挥出宝宝的潜能，是宝宝未来成功的有力保证。

更多了解

留心观察，寻找潜能：有很多宝宝的潜能一生也没发挥出来，并不是宝宝没有某一方面的能力，而是爸爸妈妈没注意观察和发现。爸爸妈妈可观察宝宝的行为举止和喜怒哀乐，认真分析就能归纳出宝宝的性格趋向，或者说擅长的一面，从而诱导和激发他的潜能。

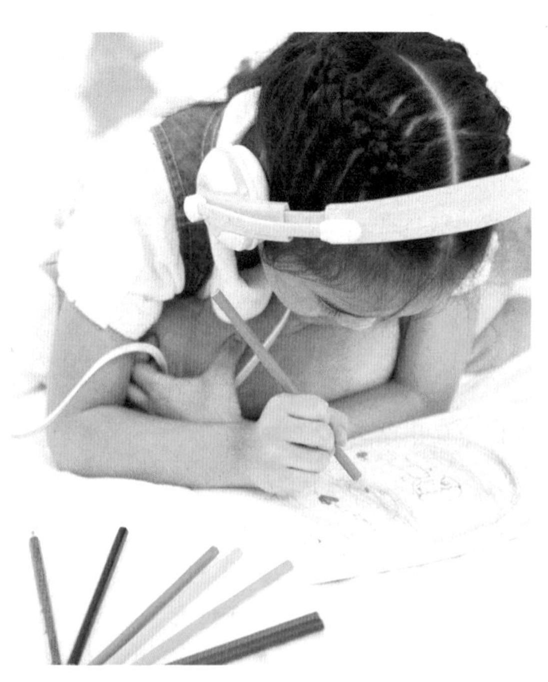

制造机会，发掘潜能：爸爸妈妈应在了解宝宝的性格趋向与喜好之后，尽可能给他机会多加练习。

耐心等待，捕捉潜能：宝宝潜能表现得有早有晚，这就要求家长要有耐心，随时捕捉宝宝在某一方面具有潜能的信号。

宝宝的语言能力促进训练

育儿须知

1岁半到3岁是语言能力发展最快的阶段。在这期间宝宝之间的个体差异也较明显。他们已开始说多词句，学会使用各种基本类型的句子，语言中出现了复合句，喜欢交际，爱发问。

更多了解

复述故事先要让宝宝跟着妈妈说话，妈妈说一句，宝宝跟一句，从简单的规范短句教起，如“宝宝最听话”“宝宝爱看书”等。

讲完一个故事后，要宝宝简单地复述。宝宝讲得不完整，可立即帮他纠正。可以答应他，如果复述得好，妈妈明天还给他讲故事，这样来提高他复述故事的兴趣。

宝宝很喜欢听押韵的儿歌和诗歌，即使不懂，也爱大声读、唱。爸爸妈妈可以教他一些儿歌，要求他背出来。还可以教宝宝一些浅显易懂的古诗，这样，既培养了他运用语言的能力，又学到了知识。

手指运动有利宝宝健脑

育儿须知

手指运动对脑力的影响，已日益受到科学家们的重视。现代科学研究表明，人的大脑中支配手指的神经细胞占比较大，平时经常刺激这部分神经细胞，大脑就会得到锻炼。

更多了解

一位对手脑关系做过多年研究的日本学者曾经说过：“如果想培养出智力发达、头脑聪明的宝宝，那就必须让他锻炼手指的活动能力，手指的活动能刺激大脑的手指运动中枢，对提高智力有益。”有的学者推荐以翻花绳、折纸等复杂的手指游戏来开发幼儿的大脑。

凡是能使手指得到活动的运动项目，都有助于发展智力。所以，爸爸妈妈在开发宝宝智力的时候，应该重视宝宝的手指运动，以此促进宝宝大脑发育。

宝宝恋物的原因

育儿须知

宝宝可能有从不离手的心爱玩具，当宝宝的玩具被抢走时，他会大哭大闹甚至不吃不喝。更有甚者，宝宝除了心爱玩具，对任何其他的人和事都不会表现得如此依恋。

更多了解

宝宝会对妈妈形成一种依恋，例如他会喜欢偎依在妈妈的怀抱里，这是一种积极的、充满情感的依恋。一般来说，宝宝从6个月起，就出现了依恋。2～3岁是建立宝宝与爸爸妈妈之间依恋感的关键时期，在这个时期，爸爸妈妈需要多花一些时间来与宝宝相处，建立良好的亲子互动。

如果宝宝经常与爸爸妈妈分离，或是因为疾病、恐惧，没有游戏、玩具及正常的人际交往等，便难以形成良好的依恋关系。于是，宝宝在情感发展过程中往往会出于情感需要而与某些物品建立起一种亲密的联系，将依恋转移到物品上。

宝宝一旦恋物就很难戒断，所以应该提前预防，爸爸妈妈要给予足够的陪伴，不要让宝宝时常有孤单无依的感觉，从而避免他从某件物品上找安慰。

正确对待宝宝的提问

育儿须知

18～21个月的宝宝已对周围的事物、事件极为敏感了，对周围感兴趣的东西总想问个水落石出，表现出强烈的求知欲。

更多了解

宝宝有时爱问："这是什么？"刚回答一遍，一会儿宝宝又问："这是什么？"反复多次，令不少爸爸妈妈既头痛又厌烦。许多时候，爸爸妈妈会嫌烦而搪塞几句，或用斥责的语言对待他，特别是爸爸，可能会以沉默来回答了。这样会挫伤宝宝提问积极性，打击宝宝的求知欲，扼杀宝宝的聪明智慧。

爸爸妈妈也可以用同样的方式来问宝宝："这是什么？"然后耐心地等待宝宝回答，不要怕宝宝说话慢，给他时间想，如果宝宝反问："这是什么呀？"这时的爸爸妈妈应再说一遍："是呀，这是什么呀？"宝宝的回答如果发音不准或不对，爸爸妈妈应用正确的发音肯定地告诉他。

注意环境对宝宝头脑的影响

育儿须知

幼儿阶段的宝宝所处的生活空间是十分有限的，尤其都市的迅速发展，让室外可活动的空间越来越狭窄，无形中使宝宝们的活动空间更小，限制了宝宝与社会、自然接触的机会。

更多了解

曾有一对爸爸妈妈带宝宝到郊外的草地上玩，玩了一段时间后，他们发现宝宝没有离开自己身旁2～3米远，无论怎样鼓励都没有效果，这是为什么？他们思索很长时间之后才蓦然发现，那个范围刚好是宝宝的游戏空间的大小。千篇一律的生活环境，使宝宝的想象力、语言都呈现贫乏的状态。大部分宝宝认识动物、外面的世界都依靠一些图片，而图片都是一些“死”的东西。

爸爸妈妈要经常改变宝宝的生活空间，让宝宝从生活环境中获得信息，增长智慧，让宝宝时时都有好奇心，这对宝宝头脑的发育具有重要作用。

宝宝21~24个月

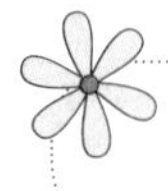

宝宝喂养

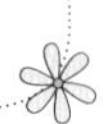

宝宝的早餐一定要吃好

育儿须知

由于宝宝的胃容量有限，上午的活动量又比较大，所以早晨这顿饭尤为重要，一定要吃饱、吃好。

更多了解

宝宝早餐要吃饱、吃好，并不是说吃得越多越好，也不是说吃得越高档、越精细越好，而是应该进行科学搭配。

科学的宝宝早餐应该由3部分组成：蛋白质、脂肪和糖类。一般早餐是牛奶加鸡蛋、油条加豆浆、馒头加咸菜等，这其中不科学的地方在于营养搭配不够均衡。

光喝牛奶、吃鸡蛋，有了脂肪和蛋白质，但缺少糖类，再吃几片面包营养就全面了。

油条加豆浆的早餐缺少蛋白质，应该加1个鸡蛋。馒头咸菜只有糖类，倒不如做一个鸡蛋挂面更好些。

促进大脑生长的营养素

育儿须知

科学的饮食能促进大脑的发育，爸爸妈妈要给宝宝吃一些健脑食品，提供足够的大脑发育所需的营养素。

更多了解

营养素	健脑作用	食物推荐
葡萄糖	提供能量	米、面、薯类
谷氨酸	促进脑神经活动	豆腐、豆腐皮、沙丁鱼、竹鱼、蛤、蚬
B族维生素	提高大脑的活力	小米、燕麦、玉米
维生素C	增强大脑的应激能力	蔬菜与水果
蛋白质	脑组织的物质基础	瘦肉、鱼、豆类及豆制品
铁	帮助给大脑供应营养素及氧	动物内脏、蛋黄、黑木耳
不饱和脂肪酸	使大脑结构更完善	核桃、花生米、杏仁、葵花子、松子

宝宝不宜吃汤泡饭

育儿须知

有的宝宝不爱吃菜，却喜欢用汤或水泡饭吃。这种情况下，宝宝吃的很多米粒还没嚼烂就咽下去了，自然加重了胃的负担，很容易得胃病。

更多了解

吃汤泡饭，汤或水稀释了胃液，会影响胃的消化功能，容易得胃病。宝宝活动量大，消耗的水分多，往往因贪玩顾不上喝水，吃饭时感到干渴，爸爸妈妈应在饭前0.5～1小时让宝宝喝些水，吃饭的时候不要让他用汤或水泡饭。

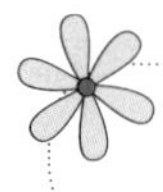

宝宝照护

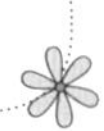

创造一个好的玩耍环境

育儿须知

21~24个月的宝宝大部分的生活内容是玩耍，妈妈要仔细观察宝宝的兴趣大多集中在哪种玩具上，然后再发展他所喜爱的游戏。

更多了解

大多数宝宝这时都喜欢可供他进行全身运动的玩具或游戏，如荡秋千、滑滑梯、推车、橡皮球等。

让宝宝用积木垒各种造型，给他画笔画画，可以发挥宝宝的想象力。宝宝玩布娃娃、动物、小汽车、小火车、小飞机等时，就开始建立他们的梦想王国。让宝宝看画册，给他朗读内容，可刺激宝宝建立梦想世界。

有些爱好音乐的宝宝，看过电视或听过音乐就能记住歌曲，对这类宝宝，可让他多听儿歌。

喜欢敲打东西发声的宝宝，可给他小鼓或木琴玩。

贴心叮咛

爸爸妈妈不能老是让宝宝听录音或看电视，这会使宝宝对声音和图像的注意力减弱。

晚上怎样哄宝宝入睡

育儿须知

宝宝的内心深处，仍然有一种对妈妈割舍不断的依恋，表现为睡觉时把妈妈拉到自己的身边。这时妈妈不可斥责宝宝，妈妈应该高兴地满足宝宝，给宝宝读读故事、哼个小曲，使他安心入睡。

更多了解

如果洗澡能使宝宝快点入睡的话，就给宝宝洗完澡再让他睡。

宝宝如果睡了午觉，晚上最好不要睡得太早。

如果宝宝睡前爱吸吮手指，最好是在宝宝特别困的时候让他上床睡觉，一开始陪着宝宝睡时握着宝宝的手，可以预防他吸吮手指。

贴心叮咛

如果宝宝睡前总爱吸吮手指，这可能是宝宝强迫自己入睡养成的习惯，妈妈不必紧张，只要陪着宝宝，让他很快入睡。这样，宝宝吸吮手指的时间会逐渐变短，次数会逐渐变少直至消失。

对宝宝“不理智”行为的处理

育儿须知

2岁左右的宝宝，其认知发展处于感知运动时期，语言能力刚刚萌芽，不能很好地表达自己的感受和要求，通过感觉和动作表达的情况比较多，因此时常出现打自己的头、揪别人的衣服或打别人等行为，爸爸妈妈要根据宝宝的接受能力来教育他。

更多了解

宝宝没有能力鉴别哪些动作是有害的，哪些又是无害的，更不会知道这样的动作可能给自己或别人带来什么样的危险，这并不是宝宝的错，这些是非对错的判别需要成年人去教给宝宝，还应该教给宝宝合适的处理方式。

在教育宝宝的过程中，爸爸妈妈在不许宝宝这样或那样时，一定要告诉宝宝可以怎样，让宝宝逐渐明白什么是可以的，什么是好的，不要对宝宝一顿斥责而遏制了他探索世界的精神。

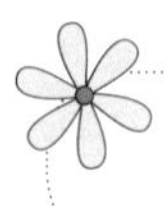

宝宝疾病

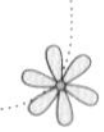

刺伤的处理

育儿须知

宝宝被刺伤时，首先要观察具体被刺伤的部位，观察伤口的大小及深浅，找出是何种异物刺伤宝宝，是否进入皮肤，然后处理好伤口，严重者要送往医院诊治。

更多了解

处理宝宝伤口的要点如下。

❶ 如果刺入的异物的头露在外面，可用镊子拔出来，然后用清水清洁该部位，之后再用碘伏消毒，最好不要贴胶布。如果刺扎进皮肤过深，可能会化脓，应前往医院外科处理。

❷ 如果是玻璃片刺伤宝宝，可能割伤宝宝的肌肉或血管，应立即找医生取出，不要自行处理。

❸ 如碎片是在皮下，难以挑出，应尽快去医院处理。

❹ 取出尖物或碎片后，可用力在伤口周围挤压，挤出淤血与污物，以减少伤后感染。

❺ 要防止破伤风。如果伤害宝宝的物品带铁锈或宝宝伤口处有较多灰尘，最好尽快去医院注射破伤风免疫球蛋白。如果宝宝受伤后，出现口难以张开或发热等症状，便表示病情较为严重。一旦发生破伤风，即出现颈、胸、脸部的肌肉抽筋、痉挛等现象，应即时前往医院就诊，以免病情加重。

异物入耳的处理方法

育儿须知

耳鼻咽喉等器官在解剖结构、生理功能、疾病的发生与发展方面相互联系紧密。如果耳内进入异物，不仅会引起令人不适的耳痒，还可能累及邻近器官。

更多了解

宝宝耳内进异物的处理方法如下。

❶ 耳内进入小虫，应立即前往医院让医生处理，如果实在不方便去医院，可尝试将宝宝进异物的耳偏向光亮面，小虫可由光亮的引导而自动飞出，或用烟雾喷向患侧耳，将小虫呛出来，或往宝宝耳内滴几滴香油，小虫因缺氧会调头爬出来。

❷ 耳内进入异物如谷粒、麦粒等，妈妈可用干净的棉签蘸少许糨糊，左手提宝宝的耳郭，在阳光下或手电筒光的照明下，看准异物，右手将棉签轻轻伸入耳道，接触异物片刻后，异物与糨糊粘着，再轻轻地将异物取出。若谷物已膨胀，可滴几滴酒精使之缩小后取出。

❸ 上述方法无效时，不要乱挖耳道，及时去医院就诊。

气管进异物的处理

育儿须知

一旦固体或液体物质进入气管，便会发生堵塞，影响气体交换。异物掉入气管后，引起的症状很明显，但症状的严重程度与异物的大小、性质和掉入气管的部位有关。

更多了解

矿物性异物很少引起炎症反应；动物性异物，如鱼刺、骨等对气管黏膜刺激较大；有些植物性异物，如花生米、豆类等可引起严重的呼吸道急性炎症，甚至发生支气管堵塞；光滑细小的金属异物对气管黏膜刺激很小；尖锐的异物，可能刺破附近的组织，引起其他并发症；表面生锈的异物对黏膜刺激较大。异物在气管内存留的时间越长，对身体危害越大。

异物掉入气管后，首先引起剧烈的咳嗽，甚至咳出血，并有气喘、呼吸困难、呼吸声音异常等一系列表现，随后咳嗽表现为阵发性。过一段时间后，异物可引起炎症反应，宝宝出现体温升高、咳痰、呼吸困难等症状。如异物堵塞支气管，则可引起肺气肿或肺不张，宝宝感到胸闷，这时的情况更严重了，较大异物堵塞气管时可引起窒息而死亡。

气管异物是危险的急症，如果已经影响呼吸，应立刻将宝宝头朝下倒提起来拍后背，看异物能否掉出，没效果时把宝宝面朝前放在胸前，家长的大拇指顶住其胸口，双手按压宝宝胸部，用寸劲快速按下去，让突然增加的气流将异物顶出。同时应分秒必争地送宝宝去医院抢救，绝不能耽误。在医院，医生可根据异物的部位，在喉镜或气管镜检查下，把异物取出。

贴心叮咛

爸爸妈妈不要给孩子玩小物件，宝宝吃饭时不要逗引他笑，宝宝跑跳时不要让他吃东西，要尽最大可能避免异物进入气管。

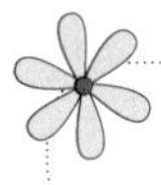

宝宝成功早教

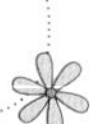

培养宝宝的视觉空间智能

育儿须知

要培养和发展宝宝的视觉空间智能，就应对宝宝在语言表达时所具有的随意性和自由性加以鼓励，让宝宝的创造性得到发展。

更多了解

宝宝在视觉空间智能方面往往表现出成人难以想象的才能。例如，他们对自己的意愿的表达，随性而自由自在，其想象力和创造力之大胆、无拘无束，总是令大人们自愧不如。

爸爸妈妈对宝宝视觉空间智能的培养方式，不应拘泥于约定俗成的技巧和条条框框的束缚，而应采取一些能使宝宝感兴趣从而自发自愿参与的方法。比如，视觉空间智能强的宝宝往往喜欢想象，可利用绘画来提高宝宝的视觉空间智能。

了解宝宝的心理状态

育儿须知

对付宝宝哭闹最好的方法是转移他的注意力。同时，爸爸妈妈需了解宝宝的心理状态，避免宝宝经常性的情绪波动。

更多了解

近2岁的宝宝，一般由于缺乏表达、解决问题的能力，忍受挫折能力还很低。宝宝遇到不合心意的事，就会哭闹。此时，可以给他喜欢或新奇的玩具，或带他到一个别的地方，改变当时所处的环境，吸引他的注意力，宝宝的哭闹就会自然停止，妈妈事后再去安慰他。

身体疲惫经常是宝宝哭闹的原因之一，一旦宝宝得到充足的休息，宝宝的精神马上会好起来。所以对宝宝情绪和生理状态的熟悉和了解，有助于解决教养宝宝过程中的一些麻烦，使爸爸妈妈事半功倍。

开发宝宝的左脑

育儿须知

脑的左右半球的结构和功能是相互影响的。结构决定功能，功能影响结构。要开发左脑，主要是从发展左脑的功能着手的。

更多了解

锻炼宝宝的语言能力：锻炼宝宝语言能力的主要方法是让宝宝多听、多说、多读。可以多给宝宝讲一些神话故事、寓言、诗词、童话故事等。要给宝宝良好的语言环境，让他多接收各种口头的、书面的语言，多进行语言的交流和训练，这对开发左脑是很有好处的。

进行数学、逻辑的训练：爸爸妈妈对宝宝进行数学、逻辑的训练，可以提高宝宝的抽象思维能力，达到开发左脑的目的。 例如，可以让宝宝思考，爸爸的年龄比妈妈大，妈妈的年龄比姑姑大，那么，爸爸与姑姑谁的年龄大?

培养宝宝的记忆力

育儿须知

想要让宝宝的记忆力得到提高，爸爸妈妈要加强宝宝语言能力的培养，而且要坚持不懈。

更多了解

记忆力是需要培养的。宝宝的记忆力与语言能力的发展有密切关系。无论是识记还是回忆，语言都起着重要作用。记住记忆任务、理解记忆事物、复述记忆内容等各环节都离不开语言。

幼儿时期宝宝的记忆力以无意识记忆为主，形象记忆占主导地位。此时宝宝记忆力的一个特点是容易遗忘，因此一般人记不住3岁以前的事情。此时，爸爸妈妈可以给宝宝明确的记忆任务，记忆效果会更好。

贴心叮咛

训练记忆力的游戏：把四五件常见的物品放在桌子上，让宝宝闭上眼睛，然后调换物品的位置或拿走一件，让宝宝说出物品位置的变化或少了什么。

给宝宝探索环境的机会

育儿须知

爸爸妈妈不要把“不行”和“别动”当成口头禅，处处限制宝宝的活动，打击他的好奇心，压制他的探索精神。相反，爸爸妈妈应为自己的宝宝喜欢探索而高兴，鼓励他的探索行为。

更多了解

宝宝认识事物的本质和规律有两种途径：一是通过语言传递，由成人传递知识，继承前人已经获得的认识；二是依靠亲身实践，在成人指导下实际地摆弄、操作物体，以获得直接经验。

宝宝摆弄物品时，难免把东西打翻、弄破。这时，爸爸妈妈不要轻易地火冒三丈，大声斥责，这样会使宝宝幼小的自尊心受到伤害，也会限制宝宝的创造性。与其大声斥责或阻止宝宝的探索，不如和宝宝一起去摆弄。

如果发现此时的宝宝对周围环境没有探索的兴趣，则应引起注意，及时检查一下他究竟在哪方面出了问题。

培养宝宝的情商

育儿须知

情商培养主要包括以下几个方面：训练宝宝觉察与认知自己情绪的能力；提高宝宝对困难的忍受力，并使其能想办法消除挫折引起的焦虑、抑郁等不良情绪；使宝宝富有同情心，乐于倾听别人的诉说，从别人的角度看问题，经常为他人着想。

更多了解

情商包括内省情商和人际情商。

内省情商是一种对自我内在情感的理解能力，情绪体验是内省情商的关键，包括乐于助人、同情心、保护弱小等人类共有的高级情绪体验。

人际情商则是转向外部和其他个体，发现、辨别与其他个体的差异。这种情商可以使宝宝具有区分周围的人并控制自己情绪的能力。高情商的人在与人相处中能够从别人的行为中分辨出他人的感受和情绪，并能调节自己的感受和行为来很好地适应对方。

爸爸在教育子女中所起的作用

育儿须知

爸爸应为宝宝树立一个良好的形象。从宝宝小的时候就开始，由爸爸教育宝宝懂得人与人之间如何尊重，绝不能谩骂和羞辱、伤害他人是非常重要的。

更多了解

在与宝宝做游戏时，爸爸可能更善于变换花样，更能满足宝宝的爱好、情趣和好奇心。

爸爸与宝宝的密切关系还会影响宝宝将来的事业。在爸爸的积极影响下，一般宝宝未来都有较强的上进心和工作能力。

当然，也有的爸爸有许多不良嗜好，致使宝宝“近墨者黑”。爸爸应该积极改善自己的言行，提高自己的素质。

贴心叮咛

一些运动量较大的活动，如游泳、玩球等，有爸爸的陪伴和指导，宝宝能玩得更积极、更科学、更安全。

宝宝24~27个月

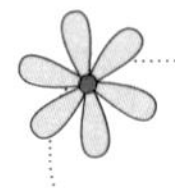

宝宝喂养

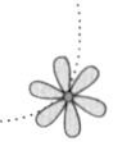

为宝宝全面地选择食物

育儿须知

绝大多数的食物都含有多种营养素，但没有一种天然食物含有人体所需要的全部营养素，所以，宝宝要吃多种食物，才能满足身体生长发育的需要。吃的食物种类越多，缺乏某种营养素或摄入某种营养素过多的可能性就越小。

更多了解

宝宝的膳食应包括谷类、肉类、奶、蛋、豆类及其制品、蔬菜、水果等各种食物，每类食物中也要尽可能多样化，如应有粗、细粮搭配的主食，荤素搭配的菜品（包括鱼、肉、蛋、奶或豆类、绿色或黄色蔬菜等），还要有新鲜水果等。

经常变换选用蔬菜

育儿须知

经常变换选用蔬菜，宝宝就能从不同的蔬菜中得到不同的营养素，以利于生长发育。

更多了解

各类蔬菜中包含了多种多样的维生素、矿物质，还含有一种有用的物质——纤维素，纤维素是不能被人体吸收的，但它在肠道中可以促进肠道蠕动，有助于排出粪便。

妈妈可以每天变换不同的蔬菜给宝宝吃，这样对健康发育十分有利。

蔬菜在烹调时应先洗后切，现吃现做，急火快炒，以减少维生素的损失。有些蔬菜烧熟后，宝宝不爱吃，可以洗干净了生吃，如黄瓜、番茄、生菜等。

贴心叮咛

2岁左右的宝宝消化能力还比较弱，蔬菜应当切得细一些。

怎样判断宝宝是否营养缺乏

育儿须知

宝宝营养不良可引起发育不良、消瘦、水肿、贫血、脚气病、消化道疾病等，为了避免营养不良对宝宝的身心健康产生危害，爸爸妈妈应当了解营养缺乏的一些征兆，及早采取措施，防患于未然。

更多了解

部分营养不良的表现如下。

❶ 如果宝宝性格忧郁、反应迟钝、表情麻木等，应及时就医；若是营养不良应考虑其缺乏蛋白质、维生素等，需及时补充海产品、肉类、奶制品等富含蛋白质的食物，多吃蔬菜或水果，如番茄、橘子、苹果等。否则宝宝会出现贫血、免疫力下降等。

❷ 如果宝宝经常忧心忡忡、惊恐不安或健忘，就医后确诊为B族维生素缺乏，可及时补充蛋黄、猪肝、核桃以及一些粗粮，否则宝宝长期缺乏B族维生素会食欲不振，影响生长发育、脑神经的反应能力及思维能力等。

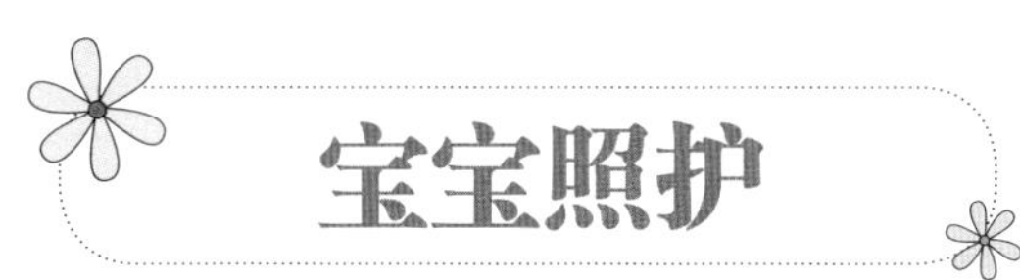

宝宝照护

训练宝宝夜间起床排尿

育儿须知

夜间尿床是因为宝宝熟睡时不能察觉到体内的排尿信号，爸爸妈妈要为宝宝制订合适的生活安排，尽量避开会导致宝宝夜间尿床的因素。

更多了解

晚餐不能太稀，少喝汤水，入睡前1小时不要让宝宝喝水，上床前要让宝宝排尽大小便。

贴心叮咛

如果偶尔宝宝被褥尿湿了，爸爸妈妈也不要责备宝宝，以免伤害宝宝的自尊心。

注意防止宠物伤害宝宝

育儿须知

为了安全起见，不可留下宝宝与宠物单独在一起；当宝宝渐渐长大时，妈妈可以教导他温和地对待宠物，如此可以逐步地培养彼此间的信任。

更多了解

让宝宝与宠物相处需要注意的事情如下。

❶ 禁止宠物与宝宝一起睡觉。

❷ 动物用的碗盘应该保持干净，并防止宝宝用手触摸。

❸ 将猫咪的猫砂盆放在宝宝接触范围之外。

❹ 定期清洁宠物，预防宠物身上长跳蚤。

❺ 绝对不可以拿宝宝来逗着宠物玩。

❻ 将鱼缸、鸟笼、松鼠笼之类的东西放置于宝宝触摸不到的地方。

不要让宝宝被动吸烟

育儿须知

大量吸入烟雾有损宝宝健康，甚至会致病，妈妈最好不要让宝宝接触吸烟人士。

更多了解

宝宝吸入过多的烟雾一般会表现出以下几个症状。

❶ 啼哭：德国有一位医生发现，家中成员在宝宝房内大量吸烟，会显著增加宝宝啼哭的次数。如爸爸妈妈每天在家吸烟10支以下的家庭中，宝宝夜啼的占45%；吸烟12支以上的，则为90%。

❷ 腹痛：生活在吸烟家庭的宝宝，发生腹痛的概率比不吸烟家庭的宝宝高3倍。因为宝宝吸入过多的烟雾，会刺激神经引起兴奋，导致胃肠痉挛而腹痛。

❸厌食：家中成员在宝宝进餐时吸烟，会引起宝宝食欲下降，甚至拒绝吃某些食物。

宝宝疾病

注意宝宝的视力

育儿须知

我国大约有3%的宝宝发生弱视，宝宝自己和爸爸妈妈难以发觉。4岁之前治疗弱视效果最好，5～6岁仍能治疗，12岁以上就很难治疗了。

更多了解

如果宝宝失去立体感和距离感，以后学习和从事许多职业都难以胜任，如司机、飞行员等，学习精密机械、医学等也都困难。

宝宝2岁半左右时，应进行一次视力检查。检查时发现异常，可及时治疗。

异物入眼的处理

育儿须知

异物进入眼里，可引起刺痛、流泪，较大、较硬的异物还有可能伤害结膜。异物进了眼里，不能让宝宝乱揉，应该提起宝宝的上眼睑，轻轻揉动，让眼泪把宝宝眼中的异物冲出来。

更多了解

异物入眼的处理要点如下。

❶ 可往眼里滴1～2滴生理盐水，既可预防发炎，又可冲出异物。

❷ 爸爸妈妈可把手洗净，让宝宝向上看，用手按住下眼睑往下拉，可看下眼睑内有无异物。

❸ 用拇指和食指提起上眼睑，食指轻轻一拉，拇指将眼睑往上翻，可看上眼皮内有无异物。如有异物，可用棉棒蘸水将异物弄出。

宝宝误吞异物的处理

育儿须知

误吞异物主要有两种情况。一种是异物卡在了气管里，这种情况比较危险，需要马上送医院处理；一种是异物进入了消化系统，如果异物较小，可能通过排泄排出，但若异物比较大或比较危险，需要送医院处理。

更多了解

如果宝宝误吞异物，爸爸妈妈千万不要让宝宝通过呕吐把异物吐出来，这样往往适得其反。其实，如果异物很小的话，一般会通过排泄排出体外；如果异物较大或者较为尖锐的话，必须马上送医院，进行X线检查，确定异物位置，然后决定是否需要采取手术取出异物。如果异物是电池，则必须带宝宝去医院取出，一旦电池内容物漏出，将危及宝宝生命。

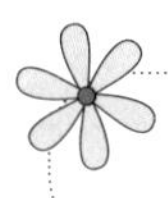

宝宝成功早教

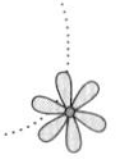

爸爸妈妈要注意自己的行为

育儿须知

在训练和改变宝宝不好的行为过程中，爸爸妈妈及宝宝周围的人特别要注意自己的行为和处事细节。

更多了解

2岁的宝宝有很强的模仿能力，许多行为很可能就是从周围的成人那里学来的。对宝宝从电视或同伴处学来的不好的行为，要予以否定，告诉宝宝这样做是不对的，妈妈不喜欢这种行为。

宝宝快乐是天下所有妈妈的心愿，当宝宝的需求得到满足时，宝宝自然是快乐的。爸爸妈妈应多学一些儿童心理学知识，更多地了解不同年龄阶段宝宝成长过程中的心理特征和需求。比如说1岁多的宝宝，刚刚学会走路，非常愿意展示自己的行走能力，也想寻求更广阔的活动空间，需要从妈妈那儿获得更多的安全感等等。

让宝宝学习一些相反的概念

育儿须知

2岁的宝宝仅能理解十分具体的、能看得见的相反的概念，所以爸爸妈妈最好用日常用品和玩具等具体例子让宝宝学会一些相反的概念。

更多了解

2岁之前，宝宝先学会许多事物的名称。在记忆许多不相关的事物时，常常需要通过比较才便于分辨，相反的概念是在比较时出现的。

宝宝在2岁之后，对于大小、多少、长短、高矮、快慢、里外、上下、前后、左右等相反的概念逐渐形成，如大娃娃和小娃娃；长绳子和短绳子；长颈鹿高，乌龟矮。在用手和足分辨左右时，爸爸妈妈要和宝宝在同一方向，同时伸相应侧的手和足。不能在宝宝对面来指导，否则宝宝难以理解对面的右侧相当于自己的左侧。多数宝宝学用右手拿筷子，可以用拿筷子的手记认右侧、拿碗的手记认左侧来分辨左右。

不要滥用惩罚来教育宝宝

育儿须知

爸爸妈妈在教育宝宝的过程中，不应不假思索地训斥或打宝宝，而应仔细观察和体会宝宝的感受，有针对性地进行疏导。

更多了解

有些爸爸妈妈在教育宝宝时缺乏耐心，一旦宝宝哭闹不止，就会发脾气。爸爸妈妈愤怒地斥责，会造成宝宝的身心痛苦。

惩罚宝宝在短期内有一定的效果，但却没有长期效果，惩罚会形成宝宝对立、愤怒、非顺从的性格。

有时宝宝不是故意不听话，哭闹肯定事出有因，所以爸爸妈妈应该认真地考虑一下，是什么原因促使宝宝干这样的事。

怎样处罚宝宝合适

育儿须知

对于3岁前的宝宝，爸爸妈妈用体验性的处罚后，也可以附带地讲些道理，因为此时宝宝的语言系统已慢慢开始建立，他已能够初步理解语言所表达的意义。

更多了解

如果宝宝打了小朋友，爸爸妈妈要让宝宝记住打人是错误的，因为打别人，别人会感到痛，最有效的方法就是让他体验到痛的感觉。

但有些时候让宝宝去亲身体验也是不可行的。如宝宝想摸电器插座。唯一有效的办法，就是在他要伸手摸电器插座的时候，狠狠地打他的手，甚至要把他打哭。这样，就会在宝宝的头脑中形成“摸那东西——手疼痛”的条件反射。这不是体罚，而是一种教育。

用音乐陶冶宝宝的性情

育儿须知

音乐对于宝宝来说，具有其他刺激无可比拟的优越性，爸爸妈妈要注意在宝宝成长期间，让音乐促进宝宝的成长，陶冶宝宝的性情。

更多了解

在音乐中成长的宝宝，情感丰富而敏锐，想象力丰富并善于思索，性格也会沉静豁达。

早晨，宝宝起床时，播一曲轻松愉快、节奏鲜明的音乐，可使宝宝逐渐兴奋起来，愉快地起床。

上午，选择一段时间，以20分钟为宜，为宝宝播放一些音乐故事、配乐诗朗诵、配乐童话、卡通歌曲，音量不宜过大。听音乐时，宝宝可以做些手工。

下午，宝宝容易精力不集中，比较懒散，可以给宝宝放一些活泼、富有情趣的音乐。

培养宝宝的自理能力和责任感

育儿须知

为了从小培养宝宝的自理能力和责任感，在家中必须让宝宝根据其年龄的大小来学做一些家务。一般2～3岁的宝宝可以开始学做一些力所能及的家务。

更多了解

培养宝宝做家务的要点如下。

❶ 利用宝宝求知欲强的特点，让宝宝模仿爸爸妈妈做家务，可让他做一些简单的事，比如自己吃饭、穿衣，给爸爸妈妈拿拖鞋，关灯，把自己的垃圾、废纸丢到废纸篓里去等。

❷ 爸爸妈妈要为宝宝学做家务做榜样。爸爸妈妈不要因为做家务而发牢骚，更不要当着宝宝的面发牢骚，否则宝宝也不愿意学做家务。

❸ 用具体语言指导宝宝做家务。爸爸妈妈给宝宝下的指令够明确，宝宝才知道怎么做，并且逐渐学会做事的条理和步骤。

贴心叮咛

如果爸爸妈妈放手让宝宝做家务，会惊奇地发现，2～3岁宝宝能做的家务是相当多的。

培养宝宝的创造力

育儿须知

培养宝宝的创造力关键是要让宝宝参加各种各样的实践活动。此外，爸爸妈妈要珍惜和尊重宝宝的创造力，不要随意否定他的创造活动，打击他的创造积极性。

更多了解

鼓励宝宝提问，帮助宝宝在活动中学习和积累知识，是培养宝宝创造力的必要条件。

要培养宝宝的创造力，就要拓宽思路，引导宝宝做发散思考。可以选定一种常见的东西，除了基本用途之外，询问宝宝还有什么新用途，宝宝讲得越多越好。

在习惯性思维的影响下，爸爸妈妈可能会要求宝宝按规定的顺序玩积木或其他造型游戏，但也可以用现有的东西，加以合并或重组，看能出现什么样的效果，这样可以养成宝宝独辟蹊径的思维。

贴心叮咛

创造力训练不是一蹴而就、一通百通的，创造力是在实际活动中迸发出的智慧火花。

宝宝27~30个月

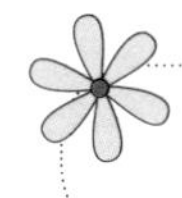

宝宝喂养

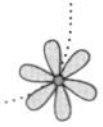

少量多次给宝宝盛饭

育儿须知

对那些不爱吃饭或者吃饭不香的宝宝来说，每次要少给他们吃。

更多了解

如果盘子里堆的食物太多，不仅会使宝宝拒绝多吃，而且还会破坏他的食欲。

如果第一次给宝宝的量很少，就会使他产生“这不够我吃”的想法，爸爸妈妈要使他像渴望得到某件东西那样，渴望吃到某种食物。

如果宝宝的胃口确实很小，爸爸妈妈就应该让他少吃，给宝宝一小勺豆类食品、一小勺蔬菜、一小勺米饭或者一小勺土豆就可以了。

宝宝吃完以后，不要急着去问：“你还想吃吗？”要让他自己主动要。即使需要好几天以后他才可能提出“还想再多吃点儿”的要求，爸爸妈妈也应该坚持这样做。

另外，用小碟子装食物是一个非常好的办法。

宝宝吃水果要适度

育儿须知

水果吃得太多会伤脾胃，宝宝不能多吃水果，一定要有节制。

更多了解

一些水果可致“水果病”，如橘子性热燥，可令人“上火”，令口舌发燥，过量食用会造成胡萝卜素黄皮病，导致皮肤发黄及食欲不振等；又如柿子，若空腹时吃得过多，易导致柿石症，症状为腹痛、腹胀、呕吐。

宝宝不宜吃熟食制品

育儿须知

一般熟食制品中都加入了一定的添加剂，如火腿肠、袋装烤鸡等，不宜给宝宝吃。还有一些罐头食品、凉拌菜等，宝宝最好少吃或不吃。宝宝的饭菜应现做现吃。

贴心叮咛

剩饭菜最好不给宝宝吃，如要吃也要加热到100摄氏度，并持续15分钟以上才能食用，否则宝宝吃了容易拉肚子。

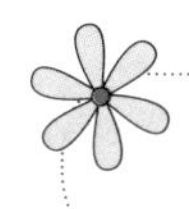

宝宝照护

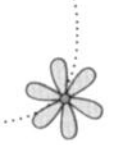

注意宝宝的异常消瘦

育儿须知

对于宝宝的异常消瘦，爸爸妈妈要予以重视，及时找出原因并进行治疗。

更多了解

2岁后宝宝体重增加缓慢，年平均增重约2千克，标准体重（千克）可用简单公式推算，即：年龄×2+8，少于这个体重的宝宝可视为消瘦，如果宝宝精神状态好，不伴有其他症状，则不一定是病态。

一般来讲，如体重减轻到同年龄、同性别平均值的90%以下，就应该引起重视，可认为是异常消瘦，必须引起注意。

异常消瘦的情况有下列几种。

❶ 营养性消瘦：多是哺喂不当或食物的质量不佳和数量不当所致，如不及时纠正，这种营养性消瘦在宝宝幼儿期会进一步恶化，表现为皮肤松弛、干燥、苍白、易出汗、睡眠不好、烦躁不安、食欲不振，时有慢性呕吐、腹泻等。

❷ 慢性病性消瘦：常见的有结核病、慢性消化不良、慢性肠炎、肝硬化、呼吸道疾病、尿路感染和寄生虫病、疟疾反复发作等。

宝宝进行锻炼的原则

育儿须知

宝宝的锻炼要根据发育特点和身体状况来安排，婴幼儿期应主要培养宝宝锻炼的兴趣、爱好和习惯。

更多了解

锻炼时要遵循以下原则。

❶ 循序渐进：开始时采用小一点的锻炼强度和少一点的时间，等宝宝习惯后再逐渐

地增加，开始每次可为2～3分钟，逐渐增加为10～15分钟。

妈妈应注意随时观察，如果宝宝精神状态好、面色红润，说明强度较合适；宝宝锻炼后睡眠好、食欲佳说明锻炼强度适宜；若宝宝出现食欲减退、睡眠不安、情绪低落，说明锻炼强度过大。

❷ 持之以恒：应让宝宝每天坚持进行锻炼，倘若因故短时间中断，则宝宝再次锻炼时可继续按以前的锻炼强度和时间进行；若中断时间长，则宝宝再次锻炼时应从最小的锻炼强度和最短的锻炼时间开始。

❸ 综合多样：与日常生活中各种增强体质的措施相配合，如户外散步、早操、跑、跳、踢等锻炼项目相结合等。

贴心叮咛

锻炼可采用游戏的方法，使宝宝在游戏中锻炼身体、得到成功和乐趣，以利于培养宝宝锻炼的兴趣、爱好和习惯。

宝宝睡得太久该怎么叫醒

育儿须知

宝宝睡得太久时，妈妈可以轻呼、揉摸唤醒睡觉的宝宝，大一点的宝宝可以用好听的闹铃闹醒。

更多了解

妈妈可以适当提早叫醒宝宝的时间，喊宝宝起床时声音细柔悠长，轻轻按摩宝宝的脊椎两边，直到把宝宝唤醒。

对不同的年龄和不同个性的宝宝采用不同的唤醒方法。

小的宝宝要在轻呼、揉摸中唤醒。大的宝宝可以用小闹钟。对“起床气”特别重的宝宝，妈妈可念着宝宝熟悉的儿歌，并故意念错，以引起宝宝纠正。宝宝纠正后，妈妈顺势表扬宝宝，消除宝宝的起床气。

贴心叮咛

千万不可用大声喊叫的方式来叫醒宝宝，这样宝宝虽被喊醒但神态呆滞、反应迟钝、不愿活动，注意力也不集中，有的还会哭闹不止。

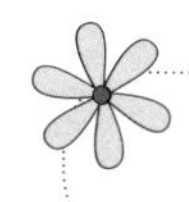

宝宝疾病

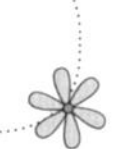

宝宝肝炎的护理

育儿须知

肝炎有很多种形式，妈妈要注意肝炎宝宝的饮食和活动时间。

更多了解

肝炎的种类如下。

❶ 宝宝急性肝炎以黄疸型为主，持续时间较短，消化道症状明显，起病以发热、腹痛者多见。

❷ 6月龄以内的宝宝发生重型肝炎较多，病情危重，病死率高；高热、重度黄疸、肝脏缩小、出血、抽搐、肝臭是严重肝功障碍的早期特征，病期12天左右宝宝发生昏迷，昏迷后 4天左右死亡；大一些的宝宝以轻型、无黄疸型肝炎居多，起病隐匿，常在体检时发现。

肝炎护理方式如下。

❶ 宝宝天性好动，不知疲倦，可以用听故事、听广播、听音乐、看电视、午睡等方法来安排宝宝的休息和活动。

❷ 用易于消化吸收、富于营养和色香味俱全的半流质饮食，来提高宝宝的食欲。

❸ 部分宝宝在治疗恢复期食欲亢进，加上自控能力差，可能摄入过量食物，妈妈应注意不可任由宝宝摄入过多，以防止发生肥胖和脂肪肝。这不仅对肝脏恢复不利，而且还会带来其他的不良后果。

宝宝中毒的处理方法

育儿须知

宝宝在误服有毒物品后，在短时间内就可能有异常表现，要立即将宝宝送医院，并带好原来装毒物的容器。

更多了解

误服化学毒物后，可出现口腔、咽喉、上腹部烧灼感、疼痛，口腔内黏膜发白或有水疱。可有肌肉抽搐、说话困难、流口水、恶心呕吐等。严重者可呼吸困难、大小便失禁、昏迷。

误服药物，药物种类不同，症状轻重缓急不一样，表现也较复杂。主要可能有恶心呕吐，抽搐，呼吸、脉搏或快或慢，精神、神经出现异常。

要弄清宝宝误服了什么，如果不是腐蚀性的物品，如农药、汽油等，要让宝宝吐出，减少宝宝对毒物的吸收。如果是腐蚀性毒物，就不能吐，以免再次损伤口腔和食管。

宝宝成功早教

“过家家”锻炼宝宝的社交能力

育儿须知

爸爸妈妈应让2岁多的宝宝有机会同年龄不同的宝宝游戏，使他能短期离开爸爸妈妈，同其他小朋友一起做各种游戏，并学会与人和平共处，得到处理人际关系的经验。这是十分重要的。

更多了解

几乎所有宝宝都喜欢玩“过家家”，不同年龄有不同的内容。独生子女的家庭中，宝宝习惯于独占一切玩具，与爸爸妈妈做游戏时爸爸妈妈可能也比较迁就。因此爸爸妈妈要告诉他，同别的宝宝一起玩耍时一不能独占，二要听从吩咐，三要体谅别人，否则会遭人拒绝。宝宝是会害怕别的小朋友不同自己玩儿的。这种社交能力的锻炼是家庭和爸爸妈妈不可能代替的。

贴心叮咛

有些宝宝进入幼儿园后很快就适应集体生活，有一些宝宝却迟迟不能适应，问题就在于处理人际关系的能力有差别。

性别角色的确定

育儿须知

2～3岁时，大部分宝宝已经能认知自己和他人的性别。

更多了解

性别认同是一个人对自己性别的认知，如果宝宝在幼儿期不能及时完成性别认同，日后就有可能会出现不同程度的性别偏差行为，影响各方面的发展，甚至影响身心健康。性别错位有先天原因也有后天原因。

一个宝宝确认自己是男孩还是女孩，主要是在外界环境和教育等因素的渗透下缓慢进行的。如果外界没有给予宝宝正确的导向，宝宝就有可能产生性别角色混淆。

性别认同是宝宝探知外在世界的途径之一，每个人成长的过程，都是一个对自身、对他人不断探索认知的过程。

宝宝胆小怎么办

育儿须知

为了避免宝宝变得胆小，爸爸妈妈平时不应吓唬宝宝。

更多了解

宝宝对某些事物或现象感到恐惧是随着年龄的增长、认识的发展而产生和变化的。在宝宝3岁时，不用爸爸妈妈提示，宝宝经常会自己想象并感到害怕。如果爸爸妈妈不能正确引导，则宝宝的胆子会越来越小。

为了避免宝宝变得胆小，爸爸妈妈平时不应吓唬宝宝，尽量不要给宝宝讲一些惊险的神话故事，也不要给宝宝看情节惊险的电影、电视剧。如果发现宝宝的胆子特别小，爸爸妈妈不要训斥宝宝“胆小”“没出息”，而应该耐心地给宝宝讲道理，讲科学知识。

贴心叮咛

家长一定不要逼着宝宝做一些他感到害怕的事情，以免加重宝宝的恐惧心理。

宝宝30~33个月

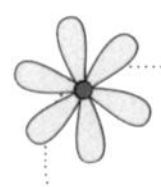

宝宝喂养

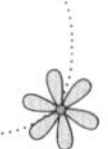

偏胖和偏瘦的宝宝怎么吃

育儿须知

肥胖的宝宝要避免过量进食、营养过剩；偏瘦的宝宝不可挑食偏食，每天可提供稍多的能量。

更多了解

超重、肥胖的宝宝要适当控制饮食，在满足机体生长发育需要的前提下，使体重减至正常水平。少吃或不吃高能量的食物，如土豆、地瓜、粉条等含淀粉的食物，可常吃些瘦肉、鱼、豆腐、蔬菜、水果。最好在吃饭前先让宝宝喝一碗菜汤，宝宝有饱腹感后可减少摄入主食的数量。平时有饥饿感时也可吃些蔬菜和汤充饥。

宝宝偏瘦常与少食有关，平时零食吃得多，到正常进餐时吃得少，如此周而复始，逐渐养成了不良的饮食习惯。另外，偏食也是原因之一，宝宝得不到全面的营养素，身高、体重均较正常宝宝滞后。对偏瘦的宝宝应该注意以下几点。

❶ 爸爸妈妈首先要纠正自身偏食的习惯，以免带偏了宝宝。

❷ 从小按时给宝宝添加辅食，如鸡蛋、饼干、米饭、蔬菜。

❸ 进食时注意给予宝宝正面教育。

❹ 做到食物多样化，品种齐全，保证营养素的平衡，促进宝宝的食欲。

❺ 每日能量的供给量可稍高于标准供给量，给予高蛋白质、高能量又易消化吸收的食物。

让宝宝细嚼慢咽

育儿须知

狼吞虎咽的饮食习惯对宝宝的健康很不利，妈妈应经常提醒宝宝细嚼慢咽，给宝宝讲吃东西细嚼慢咽的好处。

更多了解

食物未经充分咀嚼就进入胃肠道，主要会造成两种情况。

❶ 消化液分泌减少：咀嚼食物能通过神经反射引起胃液分泌，进而诱发其他消化液分泌。少咀嚼就会使消化液分泌减少，进而影响消化系统对食物的消化吸收。

❷ 食物未能与消化液充分接触：食物未经充分咀嚼就进入胃肠道，食物与消化液接触的表面积会大大缩小，这样人体从食物中吸收的营养素势必也大大减少。

无论何种情况，都会影响消化吸收，还可能损伤消化道。

细嚼慢咽，可使食物在口腔中磨碎，减轻胃肠的负担，同时咀嚼能反射性地引起胃液的分泌，为食物的下一步消化做好准备。而且细嚼慢咽对于保护宝宝牙齿和牙周组织的健康、促进颌骨的发育、帮助消化吸收以及增进身体健康大有益处。

爸爸妈妈应经常提醒宝宝细嚼慢咽，给宝宝讲吃东西细嚼慢咽的好处。还可以和宝宝一起探讨各种食物的味道，让宝宝通过细细咀嚼体味食物的味道，培养细嚼慢咽的好习惯。

补足组氨酸可提高免疫功能

育儿须知

组氨酸是人体必需的氨基酸之一，能促进宝宝的免疫系统功能尽早完善，强化生理性代谢机能，促进宝宝机体发育。

更多了解

宝宝的身体可塑性较大、代谢速度快，这势必会大量消耗组氨酸。为此，宝宝每日所需组氨酸摄取量要高于成人几倍。但因宝宝此时还不能自己合成组氨酸，所以，组氨酸必须依赖食物来供给，若其来源不足，将导致宝宝的免疫力低下，产生贫血、乏力、头晕、畏寒等症状。

黄豆及豆制品、鸭蛋、鸡肉、牛肉、皮蛋、玉米、土豆、粉丝等食物富含组氨酸，宝宝可适当多食。

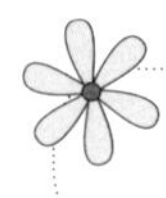

宝宝照护

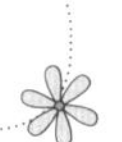

不要过度保护宝宝

育儿须知

爸爸妈妈应该在守护当中让宝宝一点一点地去尝试冒险，过度保护可能会让宝宝养成胆小或消极的个性。

更多了解

爸爸妈妈过度干涉宝宝的事情，宝宝渐渐就会消沉，而且会自我否定，变得没有自信，之后可能也会反抗爸爸妈妈。

宝宝做事时，只要受到爸爸妈妈的信赖就会努力地去做。相反地，如果不受信赖的话，就会觉得反正怎么样都得不到信赖，就会随便做做。所以爸爸妈妈相信宝宝是很重要的，要改变过度保护、干涉宝宝的做法，在对宝宝说“不行”之前，停一秒想想看，尽量避免这么说。

宝宝说话滞涩怎么办

育儿须知

有时宝宝想说什么，但话不能流畅地说出来，或第一句话就堵住了。在这种时候，妈妈不要催宝宝，催宝宝会让宝宝越加紧张，就更不能流畅地说出来了。妈妈应该耐心地引导宝宝讲，或者耐心地倾听。

更多了解

语言贵在自然，要为宝宝建立舒适的谈话气氛，耐心地等待。

在宝宝的头脑里，想说的话很多，可是“表达技术”尚未充分掌握，2岁以后的宝宝容易陷入这种状态，这种现象称作“语言滞涩”，与口吃有所区别。

在这种状态下，如果以催促或急切的态度对待宝宝，会加重宝宝的心理紧张程度，最后把宝宝逼成真正的口吃。

爸爸妈妈可以在宝宝说完之后，对他讲的话加以补充，关键在于用宽容的态度耐心地等待，高高兴兴地听他讲话的内容。

纠正宝宝的不良习惯

育儿须知

宝宝很多习惯如掏耳、挖鼻和揉眼等都是不良的习惯，爸爸妈妈在平时要注意纠正。

更多了解

掏耳：如果宝宝总是掏耳朵，可能是耳朵发痒了，可清理一下外耳道。效果不佳可到耳鼻喉科清理，更安全、更干净。不要爸爸妈妈自己给宝宝掏内耳道，有时不小心损伤耳道皮肤，会引起皮肤破损、出血、感染、发炎，严重的可能影响宝宝以后的听觉功能。

挖鼻：鼻腔黏膜有着很丰富的血管，它们互相交叉成网状，成为血管丛。鼻黏膜是很薄的一层组织，一旦有剧烈的挖鼻动作，容易将鼻黏膜挖破，导致血管破损，鼻腔出血，少数人还会因挖破鼻黏膜而引起感染、发炎。

如果宝宝的鼻腔内有脏物，可以用清水清洗，或者用棉签蘸水后轻轻擦拭，不可用手指或硬物挖取。

揉眼：当眼内有异物时，有的宝宝会马上用手来揉眼，这样做不但去除不了眼内异物，反而会使异物在角膜上越陷越深，易导致角膜破损引起细菌感染，造成眼角膜溃烂、结疤，严重的还可能影响宝宝的视力。

当眼睛有异物时，妈妈可以帮助宝宝吹，或用清水冲洗，还可用干净的棉签取出，不可纵容宝宝自己用力揉。

宝宝疾病

预防宝宝遗尿

育儿须知

宝宝遗尿是指宝宝在睡眠中，小便不受控制地排出，如果是因为宝宝白天游戏过度、精神疲劳或者睡前饮水过多等原因导致了遗尿，就不能算是病。

更多了解

预防小儿遗尿的细节如下。

❶ 尽量少给宝宝吃豆类、薏苡仁、冬瓜等利尿的食物，有助于减少小儿遗尿的发生。

❷ 当宝宝心中有挫折感、忧伤、惊恐时，容易造成睡眠中小便失控。所以，爸爸妈妈应当多从心理上关心宝宝。

❸ 睡前数小时，避免让宝宝喝较多的水；平日让宝宝养成睡前排尿的习惯；宝宝不尿床时，给予鼓励和奖励。

贴心叮咛

遗尿可使宝宝害羞、焦虑、恐惧及畏缩。如果家长不顾及宝宝的自尊心，采用打骂、威胁、惩罚的手段，会使宝宝更加委屈和忧郁，加重心理压力，症状不仅不会减轻，反而会加重。所以，对待遗尿的宝宝，只能在安慰及鼓励的情况下咨询医生进行治疗。

宝宝哮喘的护理

育儿须知

宝宝哮喘以反复发作性呼吸困难伴喘鸣音为特征，会有咳嗽、喘憋、呼吸困难等症状，常在夜间与清晨发作。起病可缓可急，缓者轻咳、打喷嚏和鼻塞，逐渐出现呼吸困难；起病急者一开始即有呼吸困难，鼻翼煽动，严重时可出现缺氧，伴有泡沫痰，并可能危及生命。

更多了解

哮喘的护理方式如下。

❶ 宝宝出现急喘的时候，妈妈要保持冷静，帮助宝宝稳定情绪，引导宝宝缓缓地呼吸；不要在家中吸烟、养宠物，要经常吸尘，避免这些成为宝宝发病的诱因。

❷ 有些宝宝对某种蛋白质过敏，会引发哮喘，所以在给宝宝添加辅食的过程中，一定要细心观察。在秋末冬初的季节，体质稍差的宝宝更易出现过敏性哮喘。

❸ 如果宝宝出现过哮喘的症状，无论持续时间长短，无论是否复发过，都应该到医院进行专科检查。如果宝宝经常出现咳嗽而一般的抗生素难以缓解症状，或者有过敏性鼻炎症状，也应该及时到医院检查，并严格按医嘱给宝宝用药。

贴心叮咛

一些基层医院限于设备和技术水平，难以对宝宝哮喘进行准确诊断，因此，建议家长带宝宝到有资质的大医院进行检查。

宝宝肺炎的护理

育儿须知

宝宝肺炎起病急、病情重、进展快，常有发热、咳嗽、呼吸困难的症状，宝宝精神状态也较差，食欲下降，易睡易醒，也有不发热而咳喘重者。肺炎是威胁宝宝健康乃至生命的疾病，一定要注意预防，及时发现及时治疗。

更多了解

宝宝肺炎护理方式如下。

❶ 让宝宝躺在床上休息，减轻呼吸困难的痛苦，每隔2~3小时给宝宝翻一次身，仰卧、侧卧相互交替，并轻轻拍打宝宝的背部，这样不仅有利于排痰和炎症的吸收，还能够避免宝宝肺部长时间受挤压。

❷ 如果宝宝出现呼吸急促的情况，可以用枕头将宝宝的背部垫高，让宝宝能够顺利呼吸。发现宝宝有痰液时，让宝宝咳出痰液，保持呼吸道通畅；如果宝宝太小不会咳，爸爸妈妈则要帮宝宝吸出痰液。还要及时清除宝宝鼻痂和鼻腔内的分泌物。

❸ 牛奶可适当加点水兑稀一点，每次喂少些，增加喂的次数。若发生呛奶要及时清除鼻孔内的乳汁。能吃饭的患儿，可吃营养丰富、容易消化、清淡的食物，多吃水果、蔬菜，多喝水。

❹ 要密切观察宝宝的精神、面色、呼吸、体温及咳喘等症状体征的变化。若宝宝有严重喘憋或突然呼吸困难、烦躁不安的情况出现，则有可能是痰液阻塞了呼吸道，需要立即吸痰、吸氧，应及时请医生采取救治措施。

贴心叮咛

家长可以在宝宝安静或睡着时在宝宝的脊柱两侧胸壁仔细倾听，在吸气末期听到“咕噜咕噜”的声音则要考虑肺炎的可能。

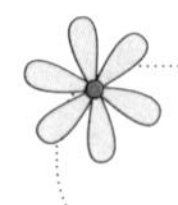

宝宝成功早教

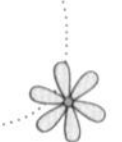

培养宝宝的同情心

育儿须知

爸爸妈妈在引导宝宝时，要从不同角度，以身作则，利用宝宝的模仿心理，培养宝宝的社会性和关爱他人的情绪。

更多了解

每位爸爸妈妈都要为宝宝确定一个行为标准，就是要善待他人、同情他人、帮助缓解他人的痛苦，心理学家称之为“亲社会”行为。虽然人天生具有怜悯和同情心，但教育宝宝理解其中的具体细节则是爸爸妈妈的任务。

爸爸妈妈要教育宝宝在游戏时不要互相争吵，培养他与小朋友分享玩具和友好地玩耍。

宝宝的第一反抗期

育儿须知

爸爸妈妈应该正确理解宝宝的心理活动，正确处理宝宝在第一反抗期的行为。

更多了解

心理学家把2～4岁宝宝称为第一反抗期的宝宝。2岁以后，宝宝开始有了自我意识，能够把自己从周围环境中分隔出来，开始说“不”。所以爸爸妈妈应该正确理解宝宝的心理活动，正确处理宝宝在第一反抗期的行为。

要尊重宝宝的主张：这一时期的宝宝往往善于模仿，如常常要求自己拿东西。爸爸妈妈应该让宝宝自己去做，并且给予适当的帮助和鼓励。

善于诱导和转移宝宝的注意力：对一些不适于宝宝干的事情，爸爸妈妈应该善于诱导或让宝宝去做其他事情，以转移宝宝的注意力，不要强迫和命令。

态度明确，是非分明：对宝宝的一些不合理的要求或不正确的行为，爸爸妈妈应该态度明确，向宝宝说明哪些行，哪些不行。

给宝宝一点自由的时间

育儿须知

爸爸妈妈要每天给宝宝一点自由时间，让他处理自己想干的事。

更多了解

2～3岁的宝宝常常要求“我自己来”，说明这个年龄的宝宝有要求自由的想法。宝宝也跟成年人一样，他有时也需要自己一个人在屋里待一会儿，或自己边玩边唠叨着，嘴里发出声音。让宝宝一个人待着，让他一个人去玩，他会感到很自在。只是妈妈不要关门，要让他能听到妈妈的脚步和说话声，使他感到妈妈就在他身边，这样宝宝就不会感到孤独了。

贴心叮咛

爸爸妈妈不要把宝宝一天的活动给安排得太满。比如一个3岁的宝宝，早饭后要练钢琴；午饭后睡觉；下午起来认字、写字；晚上还要背诗。这样负担太重了。3岁宝宝的一天应以吃、睡、玩为主，每天给他一定的自由时间。

宝宝的自然智能

育儿须知

爸爸妈妈要培养宝宝的自然智能，一定要让他接触自然。

更多了解

具有自然智能的宝宝，在生活中会表现出敏锐的观察力与强烈的好奇心，对事物有特别的分辨、记忆能力。

接触和了解大自然，需要一颗随性的心，而不是填鸭式的教育。

在观赏、接触自然之外，应该让宝宝学习自己照顾植物，让他体会生命成长的可贵。这些实际操作对培养宝宝的自然智能会起到事半功倍的效果。

通过玩游戏，宝宝对自然界的兴趣会提升。而兴趣是开发宝宝自然智能的基础和前提。兴趣有助于巩固宝宝智力开发的成果。

宝宝33~36个月

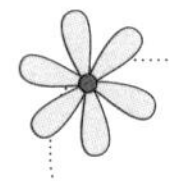

宝宝喂养

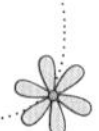

宝宝胃口不好的原因

育儿须知

对于胃口不好的宝宝，家长应在教养方法、饮食卫生及饮食烹调等方面试着进行些调整。

更多了解

宝宝胃口不好的原因通常有以下几点。

❶ 宝宝进食的环境和情绪不太好：不少家庭没有宝宝吃饭的固定位置；有些家庭没让宝宝专心进餐；还有些家长依自己主观的想法，强迫宝宝吃饭，让宝宝觉得吃饭是件痛苦的事情。

❷ 宝宝肚子不饿：现在许多爸爸妈妈过于疼爱宝宝，家里各类糖果、点心、水果敞开让宝宝吃，宝宝到吃饭的时候就没有食欲，尤其是饭前1小时内吃甜食对食欲的影响最大。

❸ 饭菜不符合宝宝的饮食要求：饭菜形式单调，色香味不足，或者是没有为宝宝专门烹调，只把大人吃的饭菜分一点给宝宝吃，饭太硬，菜嚼不动，这导致宝宝提不起吃饭的兴趣。

贴心叮咛

缺铁性贫血、锌缺乏症、胃肠功能紊乱、肝炎、结核病等等，都有食欲下降的表现，这些病要请医生诊断并进行相应的治疗。

宝宝的肠道“卫兵”乳酸菌

育儿须知

乳酸菌可以提高宝宝的抵抗力和免疫力。

更多了解

以乳酸菌为代表的益生菌是人体必不可少的且具有重要生理功能的有益菌，乳酸菌可以有效防治乳糖不耐受症（喝鲜奶时出现的腹胀、腹泻等症状），促进蛋白质、单糖及钙、镁等营养物质的吸收，合成B族维生素等大量有益物质，并使肠道菌群的构成发生有益变化，改善人体胃肠道功能，恢复人体肠道内菌群平衡，形成抗菌生物屏障，提高人体免疫力和抵抗力，抑制宝宝体内有害菌群，维护宝宝健康。

经过发酵制成的酸奶和发酵大豆食品中均含有丰富的乳酸菌。

贴心叮咛

宝宝服用抗生素后补点益生菌，会对维持肠道菌群的平衡起到很好的作用。

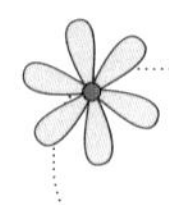

宝宝照护

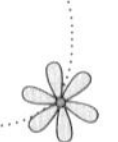

带宝宝到游乐场要注意安全

育儿须知

带宝宝到游乐场玩时，妈妈要注意宝宝的穿着，还要检查游乐场设施是否安全。

更多了解

带宝宝到游乐场主要的注意点如下。

❶ 要先检查一下游戏的设施是否安全，如滑梯的滑板是否平滑，秋千的吊索是否牢固，是否有锐利的边缘或突出物。

❷ 如果是新修的设备，要检查油漆是否已干，安装是否结实，如转椅、荡船要先空转或空摇试一试，确认安全后再让宝宝使用。

❸ 宝宝在游戏前，爸爸妈妈要简单地告诉他几条安全注意事项，如手要抓牢、脚要蹬稳、注意力要集中等。

❹ 宝宝的衣服一定要舒适简单，不要给宝宝穿有腰带或者很多装饰的服装。以免快速下滑或旋转时，衣服被挂住而造成危险。

贴心叮咛

给宝宝穿一双防滑的鞋子，系好鞋带，避免宝宝因为踩着鞋带被绊倒而出现危险。

宝宝不宜进行的体育运动

育儿须知

长跑、掰手腕倒立、拔河等运动不适合宝宝参加。

更多了解

不宜长跑：宝宝过早进行长跑，易使肌肉疲劳，加重其心肺负担，影响心肺功能发展。

不宜掰手腕：宝宝体内的软组织嫩弱，骨骼相对较软，掰手腕容易发生软组织损伤，甚至骨折。

不宜倒立：倒立会使视网膜的动脉压升高，严重者可引起眼睑出血。

不宜参加拔河比赛：拔河是一种强力对抗运动。宝宝时期身体的肌肉主要为纵向生长，固定关节的力量很弱，骨骼处于迅速生长时期，弹性大而硬度小，拔河时极易引起关节脱位和损伤，抑制骨骼的生长。

注意不要过多给宝宝吃糖

育儿须知

吃糖过多不仅会使宝宝肥胖，还会损坏牙齿。

更多了解

宝宝的乳牙比恒牙脆弱得多，最怕酸性物质腐蚀，而糖尤其是奶糖，发软、发黏，很容易残留在牙缝中。这些残留的糖经口内细菌作用，很快转化成酸性物质。大量的酸性物质会腐蚀牙齿，使牙体组织疏松、脱矿，形成龋齿。

贴心叮咛

宝宝在吃糖后要漱口、刷牙，最大程度减少糖的残留。

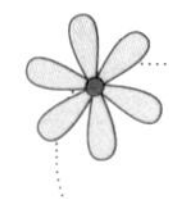

宝宝疾病

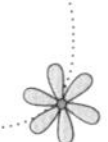

宝宝伤食怎么办

育儿须知

宝宝伤食的表现：肚子胀、吐奶、厌食、舌苔厚腻、上腹部饱胀、大便稀且有酸臭味等。

更多了解

宝宝的口臭最能反映宝宝的消化状况。消化正常的宝宝口中气味很淡，也没有臭味。而消化不良时，乳食积滞，往往先发生口臭，特别是早晨刚刚醒来时，如果宝宝口臭、口酸，就是乳食停滞的表现。有这种现象时，可以给宝宝减食或停食一顿，以利于肠胃功能的恢复。

宝宝伤食的时候，爸妈不要再给宝宝喂食高能量、不易消化的脂肪类食物，禁食1~2餐或者喂些清淡易消化的米汤、豆腐脑、面条等，同时要遵照医嘱，给宝宝服用一些助消化药物。

宝宝呕吐的处理

育儿须知

宝宝呕吐是很常见的，轻的呕吐对宝宝健康影响不大，无须治疗，重的呕吐会使宝宝出现脱水和酸碱失衡的症状，必须做紧急处理。

更多了解

经医生治疗，宝宝呕吐停止或减轻后，可给予少量、较稠、微温、易消化食物，或米汤等流质饮食。

流鼻血的护理

育儿须知

宝宝鼻子入口处的鼻中隔有着发达的血管网，因某种原因破了就会出血。宝宝流鼻血时并不会感觉到什么痛苦，通常是突然就开始流。多种疾病都可以导致鼻出血，出血发生时，要立即止血，以免出血过多。

更多了解

鼻出血是宝宝的易发病，这是宝宝鼻黏膜血管丰富，黏膜较为脆嫩导致的。春季空气中水分少，鼻黏膜干燥，也易于出血。

流鼻血的护理方式如下。

❶ 让宝宝取坐位，头稍前倾，尽量将血吐出，避免将血咽入胃中刺激胃。

❷ 用拇指、食指捏住宝宝双侧鼻翼，也可用干净的棉球、纱布填塞鼻孔止血，同时用凉毛巾敷额头及鼻部，也有利于血管收缩、止血。

❸ 让宝宝保持安静，避免哭闹。

经过上述处理，出血一般在数分钟内止住，如果十几分钟仍不止血，则应送医院诊治。宝宝如果经常出现鼻出血，应该积极就医，找出病因，治疗原发病。

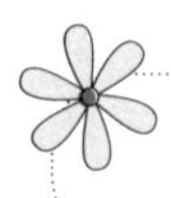

宝宝成功早教

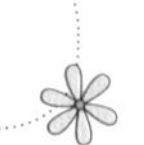

以美术活动提高宝宝智能

育儿须知

美术活动与宝宝的观察力、记忆力、想象力、思维力等密切相关。爸爸妈妈应该以美术活动为基础，来提高宝宝的视觉空间智能水平。

更多了解

宝宝可以进行绘画、手工等训练，这时的宝宝是以自我为中心的，他们只画自己感到重要的东西，所以要让宝宝充分发挥自己的想象力，随意地画。

让宝宝懂得做事情要有次序

育儿须知

在平日生活中培养有次序地做事的习惯，对宝宝将来学习和工作都十分有用。

更多了解

学习次序是培养逻辑思维的重要步骤。讲故事时叙述事情发生的始末，总是按照先后次序叙述的。给2岁左右的宝宝讲故事时，爸爸妈妈要特别注意按照书上每一个字去朗读。因为每一次讲同一个故事时，宝宝是用心去听，在欣赏着故事的情节，并跟随背诵的。

多次复习一下日常做事的次序，能使宝宝在做事情之前更加考虑周全。比如早晨先漱口、刷牙，后洗脸，涂上润肤油；晚上脱衣服时依序放好，到早晨穿衣服时先内后外也应有条不紊。有次序的工作和生活是从小培养起来的。

贴心叮咛

在学习穿衣服之前，不妨先教宝宝系扣子。

角色扮演游戏培养人际智能

育儿须知

为宝宝提供一些角色扮演游戏，在玩游戏的过程中，爸爸妈妈可以给宝宝一些指导和帮助，共同完成游戏，以达到培养人际智能的目的。

更多了解

人际智能是一项非常重要的智能，是人与人进行有效交往的能力，而角色扮演游戏是培养宝宝人际智能的重要方法。角色扮演游戏是通过想象，创造性地模仿现实生活的游戏。它为宝宝提供了模仿、再现人与人关系的机会，为他们形成良好的社会交往能力打下基础。

贴心叮咛

在选择角色扮演游戏时，也要考虑到角色、情境是不是能让宝宝充分投入到其中。选择宝宝看到过的、有所了解的角色和情境，才能使宝宝投入其中，激发他的情绪，对人际智能的培养才有实际的效果。

3 岁宝宝想象力的特点

育儿须知

爸爸妈妈从小培养宝宝的想象力，对宝宝以后的成长是非常重要的，且在游戏中宝宝的想象力最能得到锻炼。

更多了解

想象对宝宝的生活、学习和活动都起着重要的作用，想象力也是创造力的基础。丰富的想象力是宝宝理解故事、进行游戏、绘画、做手工、搭积木等所必需的，如宝宝把自己想象成妈妈给宝宝喂饭，假装自己是怪兽，画出会飞的小朋友、会劳动的小猪等想象的画面，给没有生命的玩具赋予生命。在这些活动中，宝宝的想象力得到充分的发展和锻炼。

宝宝想象的特点如下。

❶ 想象的内容和主题易变化：这是因为婴幼儿的神经系统还不够健全，神经活动还不够稳定，所以婴幼儿常常在想象中把一种东西变成另一种东西。

❷ 想象夸张且易与现实混淆：宝宝的想象常常带有夸张的成分；宝宝往往把想象的东西当作现实的东西，并且说起来有声有色，好像是他自己耳闻目睹的事情。

❸ 宝宝的想象受兴趣的影响：宝宝感兴趣的事情、熟悉的事情往往能引起他们的想象。

❹ 宝宝的再造想象多于创造想象：宝宝扮演的角色多是生活中常见的爸爸、妈妈、医生、老师、司机等，他们的想象离不开生活经验。

教宝宝学习礼貌用语

育儿须知

妈妈要培养宝宝礼貌用语的习惯，促进宝宝与人和睦相处。家庭中要注意应用礼貌语言，通过日常的模仿，宝宝很容易学会。

更多了解

每天早晨起床要问“您早”；每天早晨第一次遇到人时要说“您早”，渐渐成为习惯。

平常爸爸妈妈让宝宝干一些杂事时，也不要忘记说：“请你给我拿××。”当他递过来时说：“谢谢。”也要求宝宝在请求爸爸妈妈帮忙时说“请”，在爸爸妈妈帮忙后也说“谢谢”。这样礼尚往来才能培养有礼貌的宝宝。

教宝宝在有亲朋来访时要问候“您好”或说“叔叔阿姨好”。

贴心叮咛

有些宝宝特别胆小害羞，不要勉强他一定要叫“××叔叔”或“××阿姨”，如果宝宝不作声就不必勉强，以免宝宝由于害怕而重复发音出现口吃。

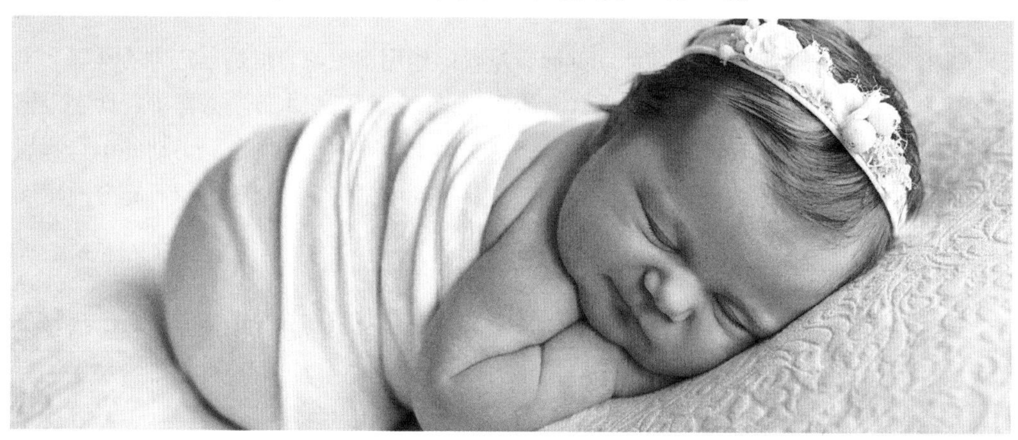

附 录

一类疫苗接种

一类疫苗：国家规定纳入计划的免费疫苗，是宝宝出生后必须进行接种的。

一类疫苗	接种时间	预防疾病	注意事项
卡介苗	出生后24小时内	结核病	早产、难产以及出生体重小于2.5千克的宝宝应该慎种。正在发热、腹泻，有严重皮肤病的宝宝应缓种。结核病，急性传染病，心、肾疾患，免疫功能不全的宝宝禁种
乙肝疫苗	第1次：出生后24小时内 第2次：1个月 第3次：6个月	乙型病毒性肝炎	肝炎、发热、急性感染、慢性严重疾病、过敏体质的宝宝禁用。如果是早产儿，则要在出生一个月后方可注射
脊灰灭活疫苗/脊灰减毒活疫苗	第1次：2个月 第2次：3个月 第3次：4个月 第4次：4岁	脊髓灰质炎（小儿麻痹）	接种前一周有腹泻或一天腹泻超过4次的宝宝，发热、急性病的宝宝，应该暂缓接种。有免疫缺陷症的宝宝，正在使用免疫抑制剂(如激素)的宝宝禁用。对牛奶过敏的宝宝可服液体疫苗
百白破疫苗/白破疫苗	第1次：3个月 第2次：4个月 第3次：5个月 第4次：1.5岁 第5次：6岁	百日咳 白喉 破伤风	发热、急性病或慢性病急性发作期的宝宝应缓种。有中枢神经系统疾病(如癫痫)、惊厥史、严重过敏体质的宝宝禁用
麻腮风疫苗	第1次：8个月 第2次：1.5岁	麻疹、风疹、流行性腮腺炎	患过麻疹的宝宝不必接种。正在发热或有活动性结核的宝宝，有过敏史(特别是对鸡蛋过敏)的宝宝禁用。注射丙种球蛋白的宝宝，间隔一个月后才可接种
A群流脑多糖疫苗/A群C群流脑多糖疫苗	第1次：6个月 第2次：9个月 第3次：3岁 第4次：6岁	流行性脑脊髓膜炎	有脑及神经系统疾患(癫痫、癔症、脑炎后遗症、抽搐等)，过敏体质，严重心、肾疾病，活动性结核病的宝宝禁用。发热、急性疾病的宝宝可缓种
乙脑减毒活疫苗/乙脑灭活疫苗	第1次：8个足月 第2次：2周岁 第3次：6周岁	流行性乙型脑炎	发热、急性病或慢性病急性发作期的宝宝应缓种。有脑或神经系统疾患，过敏体质的宝宝禁种

续 表

一类疫苗	接种时间	预防疾病	注意事项
甲肝减毒活疫苗/甲肝灭活疫苗	第1次：1.5岁	甲型病毒性肝炎	发热、急性病或慢性病发作期的宝宝应缓种。有免疫缺陷、正在接受免疫抑制剂治疗的宝宝、过敏体质的宝宝禁用
	第2次：2岁		

二类疫苗接种

二类疫苗：自费疫苗。只要经济允许，宝宝没有接种禁忌，就应选择接种。

二类疫苗	接种对象	注意事项
流感疫苗	7个月以上，患有哮喘、先天性心脏病、慢性肾炎、糖尿病等疾病。抵抗力差的宝宝可考虑接种	6个月以下、具有过敏体质（尤其是对鸡蛋过敏）、患有先天性疾病的宝宝，不宜接种；患感冒、发热等或急性病发作时，则应等身体恢复后再接种
肺炎疫苗	一般健康的宝宝不主张选用。但体弱多病的宝宝，应该考虑选用	处于高热或急性传染病发病期的宝宝和对肺炎疫苗中任何成分过敏的宝宝禁用
轮状病毒疫苗	2~6个月大的宝宝可以考虑，该疫苗能避免宝宝严重腹泻	疫苗使用后4周内，在给宝宝换尿布后应多洗手，以免排泄出的活病毒引起粪口传播
HIB疫苗	5岁以下宝宝可考虑选用。该疫苗能避免宝宝感染B型流感嗜血杆菌。世界上已有20多个国家将HIB疫苗列入常规计划免疫	处于高热或急性传染病发病期的宝宝，以及对HIB疫苗中的任何成分过敏的宝宝禁用
狂犬病疫苗	即将要上幼儿园的宝宝考虑接种	有严重疾病史、过敏史、免疫缺陷病者禁用。一般疾病治疗期、发热期的宝宝要缓用。接种过程中应忌食刺激性食物，以免导致接种失败
水痘疫苗	抵抗力差的宝宝可以选用	发热、急性病或慢性病发作期的宝宝应缓种。有免疫缺陷、正在接受免疫抑制剂治疗和过敏体质的宝宝禁用

贴心叮咛

二类疫苗应在不影响一类疫苗情况下进行选择性注射。

接种疫苗后，宝宝可能出现发热和不适等全身反应。一般发热在 38.5 摄氏度以下，持续 1～2 天均属正常反应，不需要特殊处理，只要注意多喂水、让宝宝多休息即可。如果宝宝高热，可遵医嘱服用退热药，也可以做物理降温。

0~3 岁宝宝生长发育参照值

中国0～3岁男童身高参照值如下。

月龄	矮/厘米	偏矮/厘米	中位数/厘米	偏高/厘米	高/厘米
0	45.2	48.6	50.4	52.2	55.8
1	48.7	52.7	54.8	56.9	61.2
2	52.2	56.5	58.7	61.0	65.7
3	55.3	59.7	62.0	64.3	69.0
4	57.9	62.3	64.6	66.9	71.7
5	59.9	64.4	66.7	69.1	73.9
6	61.4	66.0	68.4	70.8	75.8
7	62.7	67.4	69.8	72.3	77.4
8	63.9	68.7	71.2	73.7	78.9
9	65.2	70.1	72.6	75.2	80.5
10	66.4	71.4	74.0	76.6	82.1
11	67.5	72.7	75.3	78.0	83.6
12	68.6	73.8	76.5	79.3	85.0
15	71.2	76.9	79.8	82.8	88.9
18	73.6	79.6	82.7	85.8	92.4
21	76.0	82.3	85.6	89.0	95.9
24	78.3	85.1	88.5	92.1	99.5
27	80.5	87.5	91.1	94.8	102.5
30	82.4	89.6	93.3	97.1	105.0
33	84.4	91.6	95.4	99.3	107.2
36	86.3	93.7	97.5	101.4	109.4

中国0～3岁女童身高参照值如下。

月龄	矮/厘米	偏矮/厘米	中位数/厘米	偏高/厘米	高/厘米
0	44.7	48.0	49.7	51.4	55.0
1	47.9	51.7	53.7	55.7	59.9
2	51.1	55.3	57.4	59.6	64.1
3	54.2	58.4	60.6	62.8	67.5
4	56.7	61.0	63.1	65.4	70.0
5	58.6	62.9	65.2	67.4	72.1
6	60.1	64.5	66.8	69.1	74.0
7	61.3	65.9	68.2	70.6	75.6
8	62.5	67.2	69.6	72.1	77.3
9	63.7	68.5	71.0	73.6	78.9
10	64.9	69.8	72.4	75.0	80.5
11	66.1	71.1	73.7	76.4	82.0
12	67.2	72.3	75.0	77.7	83.4
15	70.2	75.6	78.5	81.4	87.4
18	72.8	78.5	81.5	84.6	91.0
21	75.1	81.2	84.4	87.7	94.5
24	77.3	83.8	87.2	90.7	98.0
27	79.3	86.2	89.8	93.5	101.2
30	81.4	88.4	92.1	95.9	103.8
33	83.4	90.5	94.3	98.1	106.1
36	85.4	92.5	96.3	100.1	108.1

中国0～3岁男童体重参照值如下。

月龄	轻/千克	偏轻/千克	中位数/千克	偏重/千克	重/千克
0	2.26	2.93	3.32	3.73	4.66
1	3.09	3.99	4.51	5.07	6.33
2	3.94	5.05	5.68	6.38	7.97
3	4.69	5.97	6.70	7.51	9.37
4	5.25	6.64	7.45	8.34	10.39
5	5.66	7.14	8.00	8.95	11.15
6	5.97	7.51	8.41	9.41	11.72
7	6.24	7.83	8.76	9.79	12.20
8	6.46	8.09	9.05	10.11	12.60
9	6.67	8.35	9.33	10.42	12.99
10	6.86	8.58	9.58	10.71	13.34
11	7.04	8.80	9.83	10.98	13.68
12	7.21	9.00	10.05	11.23	14.00
15	7.68	9.57	10.68	11.93	14.88
18	8.13	10.12	11.29	12.61	15.75
21	8.61	10.69	11.93	13.33	16.66
24	9.06	11.24	12.54	14.01	17.54
27	9.47	11.75	13.11	14.64	18.36
30	9.86	12.22	13.64	15.24	19.13
33	10.24	12.68	14.15	15.82	19.89
36	10.61	13.13	14.65	16.39	20.64

中国0～3岁女童体重参照值如下。

月龄	轻/千克	偏轻/千克	中位数/千克	偏重/千克	重/千克
0	2.26	2.85	3.21	3.63	4.65
1	2.98	3.74	4.20	4.74	6.05
2	3.72	4.65	5.21	5.86	7.46
3	4.40	5.47	6.13	6.87	8.71
4	4.93	6.11	6.83	7.65	9.66
5	5.33	6.59	7.36	8.23	10.38
6	5.64	6.96	7.77	8.68	10.93
7	5.90	7.28	8.11	9.06	11.40
8	6.13	7.55	8.41	9.39	11.80
9	6.34	7.81	8.69	9.70	12.18
10	6.53	8.03	8.94	9.98	12.52
11	6.71	8.25	9.18	10.24	12.85
12	6.87	8.45	9.40	10.48	13.15
15	7.34	9.01	10.02	11.18	14.02
18	7.79	9.57	10.65	11.88	14.90
21	8.26	10.15	11.30	12.61	15.85
24	8.70	10.70	11.92	13.31	16.77
27	9.10	11.21	12.50	13.97	17.63
30	9.48	11.70	13.05	14.60	18.47
33	9.86	12.18	13.59	15.22	19.29
36	10.23	12.65	14.13	15.83	20.10

中国0～3岁儿童头围参照值如下。

	男童			女童		
月龄	偏小值/厘米	中位数/厘米	偏大值/厘米	偏小值/厘米	中位数/厘米	偏大值/厘米
0	30.9	34.5	37.9	30.4	34.0	37.5
1	33.3	36.9	40.7	32.6	36.2	39.9
2	35.2	38.9	42.9	34.5	38.0	41.8
3	36.7	40.5	44.6	36.0	39.5	43.4
4	38.0	41.7	45.9	37.2	40.7	44.6
5	39.0	42.7	46.9	38.1	41.6	45.7
6	39.8	43.6	47.7	38.9	42.4	46.5
7	40.4	44.2	48.4	39.5	43.1	47.2
8	41.0	44.8	48.9	40.1	43.6	47.7
9	41.5	45.3	49.4	40.5	44.1	48.2
10	41.9	45.7	49.8	40.9	44.5	48.6
11	42.3	46.1	50.2	41.3	44.9	49.0
12	42.6	46.4	50.5	41.5	45.1	49.3
15	43.2	47.0	51.1	42.2	45.8	50.0
18	43.7	47.6	51.6	42.8	46.4	50.5
21	44.2	48.0	52.1	43.2	46.9	51.0
24	44.6	48.4	52.5	43.6	47.3	51.4
27	45.0	48.8	52.8	44.0	47.7	51.7
30	45.3	49.1	53.1	44.3	48.0	52.1
33	45.5	49.3	53.3	44.6	48.3	52.3
36	45.7	49.6	53.5	44.8	48.5	52.6

贴心叮咛

上面的数据仅供参考，由于个体的特殊性，宝宝的测量数据可能不在这个范围，家长不必过于担心，宝宝健康不生病就是正常的。

图书在版编目（CIP）数据

育儿同步指导专家方案 / 夏颖丽编. -- 成都 : 四川科学技术出版社, 2022.7
（优生·优育·优教系列）
ISBN 978-7-5727-0579-3

Ⅰ. ①育… Ⅱ. ①夏… Ⅲ. ①婴幼儿—哺育—基本知识 Ⅳ. ①TS976.31

中国版本图书馆CIP数据核字（2022）第099289号

优生·优育·优教系列
育儿同步指导专家方案
YOUSHENG · YOUYU · YOUJIAO XILIE
YU'ER TONGBU ZHIDAO ZHUANJIA FANG'AN

编　　者　夏颖丽

出 品 人　程佳月
责任编辑　仲　谋
助理编辑　王星懿
封面设计　北极光书装
责任出版　欧晓春
出版发行　四川科学技术出版社
成都市锦江区三色路238号　邮政编码：610023
官方微博　http://weibo.com/sckjcbs
官方微信公众号　sckjcbs
传真　028-86361756
成品尺寸　170mm × 240mm
印　　张　14.5
字　　数　290千
印　　刷　河北环京美印刷有限公司
版　　次　2022年7月第1版
印　　次　2022年7月第1次印刷
定　　价　39.80元

ISBN 978-7-5727-0579-3

邮　购：成都市锦江区三色路238号新华之星A座25层　邮政编码：610023
电　话：028-86361770